服装高等教育"十二五"部委级规划教材

中国服装设计师协会职业时装模特委员会推荐教材

形象设计专业、服装表演专业指定用书

U0728538

形象设计概论

肖 彬 编著

中国纺织出版社

内 容 提 要

本书以美学理论和设计方法论为依据，结合化妆、发型、服装等专业知识，详细介绍了整体形象设计的方法及技巧。全书共分为六章，系统介绍形象设计的概念，从形态、色彩、肌理三个方面讲解形象设计中的设计要素，详述了形象设计中的和谐法则、平衡法则、节律法则和数理法则等审美原则，以及形象设计中的化妆造型和服饰搭配语言、整体形象的统一协调原则，最后落实到形象塑造对服装模特的重要性。

本教材结合作者在北京服装学院服装表演专业积累多年的教学实践经验，并收集、吸纳了大量国内外相关资料。在加强对学生专业能力与技巧培养的同时，更加强调了教学效果的实操性。

本书适合高等教育、高职高专服装设计和形象设计专业师生使用，对想要提升自我形象的读者也有指导性。

图书在版编目（CIP）数据

形象设计概论 / 肖彬编著. -- 北京：中国纺织出版社，2013.7（2023.1重印）

服装高等教育"十二五"部委级规划教材　中国服装设计师协会职业时装模特委员会推荐教材. 形象设计专业、服装表演专业指定用书

ISBN 978-7-5064-9467-0

Ⅰ. ①形… Ⅱ. ①肖… Ⅲ. ①个人—形象—设计—高等学校—教材　Ⅳ. ① B834.3

中国版本图书馆 CIP 数据核字（2012）第 282117 号

责任编辑：杨　勇　金　昊　责任编辑：杨　勇　特约编辑：张　祎
责任校对：王花妮　责任设计：何　建　责任印制：何　艳

中国纺织出版社有限公司出版发行
地址：北京市朝阳区百子湾东里 A407 号楼　邮政编码：100124
销售电话：010—67004422　传真：010—87155801
http://www.c-textilep.com
中国纺织出版社天猫旗舰店
官方微博 http://weibo.com/2119887771
天津宝通印刷有限公司印刷　各地新华书店经销
2013 年 07 月第 1 版　2023 年 1 月第 8 次印刷
开本：889×1194　1/16　印张：8.75
字数：198 千字　定价：49.80 元

凡购本书，如有缺页、倒页、脱页，由本社图书营销中心调换

《国家中长期教育改革和发展规划纲要》中提出"全面提高高等教育质量","提高人才培养质量"。教育部教高〔2007〕1号文件"关于实施高等学校本科教学质量与教学改革工程的意见"中,明确了"继续推进国家精品课程建设","积极推进网络教育资源开发和共享平台建设,建设面向全国高校的精品课程和立体化教材的数字化资源中心",对高等教育教材的质量和立体化模式都提出了更高、更具体的要求。

"着力培养信念执着、品德优良、知识丰富、本领过硬的高素质专业人才和拔尖创新人才",已成为当今本科教育的主题。教材建设作为教学的重要组成部分,如何适应新形势下我国教学改革要求,配合教育部"卓越工程师教育培养计划"的实施,满足应用型人才培养的需要,在人才培养中发挥作用,成为院校和出版人共同努力的目标。中国纺织服装教育学会协同中国纺织出版社,认真组织制定"十二五"部委级教材规划,组织专家对各院校上报的"十二五"规划教材选题进行认真评选,力求使教材出版与教学改革和课程建设发展相适应,充分体现教材的适用性、科学性、系统性和新颖性,使教材内容具有以下三个特点:

(1)围绕一个核心——育人目标。根据教育规律和课程设置特点,从提高学生分析问题、解决问题的能力入手,教材附有课程设置指导,并于章首介绍本章知识点、重点、难点及专业技能,增加相关学科的最新研究理论、研究热点或历史背景,章后附形式多样的思考题等,提高教材的可读性,增加学生学习兴趣和自学能力,提升学生科技素养和人文素养。

(2)突出一个环节——实践环节。教材出版突出应用性学科的特点,注重理论与生产实践的结合,有针对性地设置教材内容,增加实践、实验内容,并通过多媒体等形式,直观反映生产实践的最新成果。

(3)实现一个立体——开发主体化教材体系。充分利用现代教育技术手段,构建数字教育资源平台,开发教学课件、音像制品、素材库、试题库等多种立体化的配套教材,以直观的形式和丰富的表达充分展现教学内容。

教材出版是教育发展中的重要组成部分,为出版高质量的教材,出版社严格甄选作者,组织专家评审,并对出版全过程进行跟踪,及时了解教材编写进度、编写质量,力求做到作者权威、编辑专业、审读严格、精品出版。我们愿与院校一起,共同探讨、完善教材出版,不断推出精品教材,以适应我国高等教育的发展要求。

中国纺织出版社

教材出版中心

FORE WORD

　　回顾我国改革开放以来，最先走向市场的服装行业和应运而生的模特行业的发展历程，可以看到伴随着20世纪90年代后期服装产业向品牌经营转变的进程，大型服装服饰博览会、企业新产品发布、品牌传播和广告宣传等在行业和品牌发展中日益重要。同时，时尚概念也拓展到服装服饰等传统领域之外的相关产业，向住宅、汽车、电脑、手机、化妆品等跨界延伸。快速发展的时尚产业不仅深刻影响了社会经济和文化，也极大地触动和推动着模特行业的进步和完善。以时尚产业发展较快且辐射力度较大的北京而言，有一年两次的中国国际时装周和具有重要影响力的中国国际服装服饰博览会以及汽车、房产、移动通信、电子产品等行业展销会，另有国际著名奢侈品品牌等博览会都在营造着北京乃至全国其他主要城市时尚消费和时尚发展的氛围，同时不可避免地使模特行业在诸多领域及其品牌传播和市场推广的商业活动中空前活跃起来。

　　北京服装学院表演（服装表演）专业自1993年开办至今的十几年里，通过院领导和全体师生们的共同努力，针对社会需要，对该专业的培养目标、教育理念、课程建设、师资培养、社会实践等方面不断进行调整和完善，逐步形成了在国内服装表演教育领域的学科优势和专业特色，并且于2009年成为北京市特色专业。此外，北京服装学院还是中国服装设计师协会职业时装模特委员会主任委员单位，与业内权威模特经纪机构有着良好的合作关系，在高等院校及模特行业内拥有良好的专业形象。为继续加强服装表演专业的学科教材建设，推动我国服装表演专业教学水平，为我国模特行业输送更多的优秀人才，我院组织了一批具有理论研究水准和专业实践经验的院内外专家、学者陆续撰写出一套高等院校服装表演专业系列教材，并被纳入中国服装设计师协会职业时装模特委员会的推荐教材。

该系列教材的出版，对规范高等院校服装表演专业的教学内容和体系、强化理论与实践教学的方式和方法、提升国内本专业的教学和实践水平将会起到积极的作用。我相信，这套教材不仅能为高等院校服装表演专业的教学提供有益的参照，而且也能成为服装表演专业爱好者和从业者的良师益友。

祝贺高等院校服装表演专业系列教材的出版，并对中国纺织出版社、中国服装设计师协会职业时装模特委员会以及给予本系列教材出版提供建议和帮助的模特经纪机构和业内专家的鼎力支持，表示真诚的谢意。

北京服装学院院长、教授

刘元风

2012年11月

高等院校服装表演系列教材编委会

顾 问

李当岐 中国服装设计师协会 主席

编委会主任

刘元风 北京服装学院 院长 教授

中国服装设计师协会 副主席

编委会副主任

赵 平 北京服装学院服装艺术与工程学院 院长 教授

主 编

肖 彬 北京服装学院 服装艺术与工程学院 服装表演与时尚传媒系 系主任

中国服装设计师协会职业模特委员会主任委员

教育部纺织服装教育指导委员会 服装表演分指导委员副主任

张 舰 中国著名时尚编导

中国服装设计师协会职业模特委员会主任委员

北京服装学院 服装艺术与工程学院 服装表演与时尚传媒系 客座教授

编委会委员

李玮琦 北京服装学院 服装艺术与工程学院 服装表演与时尚传媒系 副教授

黄洪源 北京服装学院 服装艺术与工程学院 服装表演与时尚传媒系 副教授

向 冰 北京服装学院 服装艺术与工程学院 服装表演与时尚传媒系 教师

高中光 北京服装学院 服装艺术与工程学院 服装表演与时尚传媒系 教师

吴 琪 北京服装学院 服装艺术与工程学院 服装表演与时尚传媒系 教师

关 琦 北京服装学院 服装艺术与工程学院 服装表演与时尚传媒系 教师

刘筱君 北京服装学院 服装艺术与工程学院 服装表演与时尚传媒系 教师

教学内容及课时安排

章/课时	课程性质/课时	节	课程内容
第一章	基础理论 （20课时）	●	形象设计概述
		一	形象设计的背景及概念
		二	形象设计的发展演变
		三	形象设计的意义
		四	服装模特学习形象设计的意义
第二章		●	形象设计的设计要素
		一	形象设计中的形态要素
		二	形象设计中的色彩要素
		三	形象设计中的肌理要素
第三章		●	形象设计的审美原则
		一	和谐法则
		二	平衡法则
		三	节律法则
		四	数理法则
第四章	应用理论与训练 （36课时）	●	形象设计的造型语言
		一	形象设计中的化妆造型
		二	形象设计中的服饰搭配
第五章		●	整体形象的统一协调
		一	脸型、发型、体型的整体协调
		二	化妆造型与服饰搭配的整体协调
		三	服饰搭配与整体形象的统一
第六章		●	服装模特的形象塑造
		一	服装模特的形象特征
		二	服装模特的整体形象策划

CONTENTS
目录

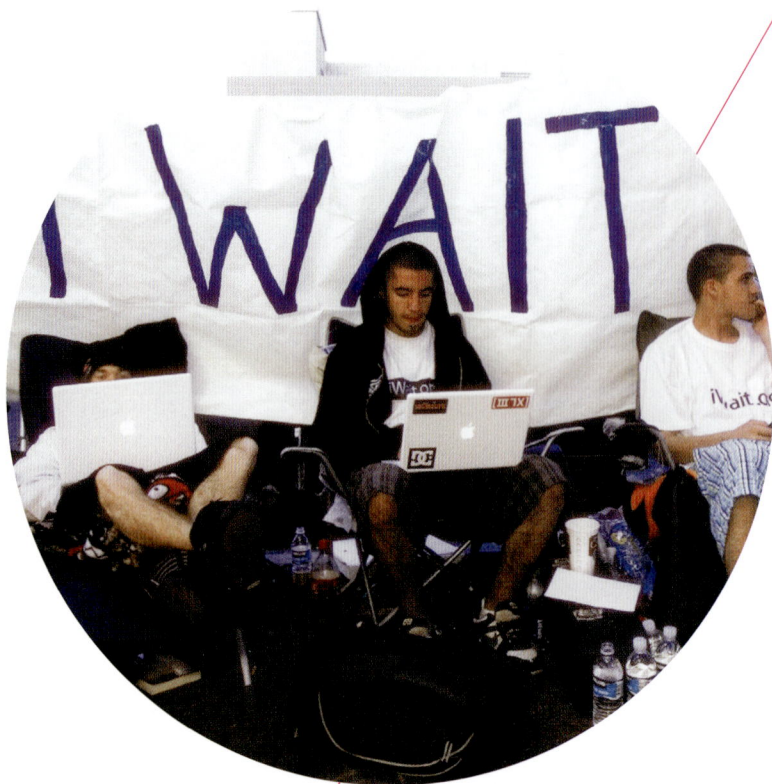

1 Part ▶

第一章　形象设计概述

第一节　形象设计的背景及概念

一、形象设计的背景

随着人类文明的不断发展和进步、时尚对社会经济高速发展的影响和推动，人们的生活形态和生活方式也随之日益趋于讲求品位、追求变化、提倡格调。尽管时尚在不同的历史阶段有不同的社会、政治、文化内涵，然而一旦形成，便具有不可抗拒的巨大力量。尤其是在经济飞速发展的中国，人们的消费支出行为已经逐步转向时尚性、娱乐性、健康性消费，特别是在服装领域，时尚对服装的推动作用不但形成了无法抗拒的流行趋势，更使服装在经济理论层面得到了强力支撑。

日本环球经济研究所所长衫浦勉先生曾就中国经济发展中的这一现象阐述了他的观点，即"文化力推动新经济"。世界银行1998年将新经济定义为人们用大脑替代双手进行劳动的经济，是通信技术不断增强国家竞争力的经济，是使技术核心重于批量生产的经济，是大量投资涌向新的概念而不仅仅是一般意义上的社会经济。衫浦勉先生进一步将新经济的表现形式归纳为人才经济、创造力经济和注意力经济。所谓人才经济，顾名思义，它是广泛存在的一种经济现象。创造力经济是近年国内非常流行的创意经济，英国政府的定义和创意先驱霍金斯先生的描述将其概括为包含了广义的以育人的创造力、人的才能、人的技能为主形成的经济现象，它包含了很多重要的文化领域，如时尚、设计、软件、艺术、博物馆、建筑等。创意产业已经成为一个重要的新兴产业，经济合作与发展组织提出，服务业比制造业的发展高出一倍，而创意产业比服务业的发展高出三倍。英国作为老牌的世界工业强国曾在1996年开始发展创意产业，文化产品出口已经替代了钢铁业。1998年，英国最大的出口项目不是钢铁，而是大家熟悉的"辣妹"文化产品。虽然注意力经济的学术原则不够经济学化，但是当人们每天面临的信息量越来越大的时候，就不难发现注意力的确是一种重要的经济现象，其中最典型的是明星产业。这三种经济现象的背后有一种力量，是一种软力量，衫浦勉先生称之为文化力。我们共同注意到，在人才经济、创造力经济和注意力经济背后，都有一种对人、物和人的活动能更多地增添魅力的因素。这种能够对人、物及人的活动增添魅力的力量就是文化力。据调研发现，近年来在全球范围内，服装、箱包、珠宝、鞋类，或者说所谓的与时尚相关的消费品，其总体生产量、消费量、人均拥有量都在大幅度上升。所以，能够为人的生活增添魅力的文化力因素，不仅创造了新的经济现象，同时也在很大程度上促进着传统经济的发展。

时尚对社会经济在宏观上的推动和影响已经不言而喻，那么随之而来的就是其所波及的人们的生活形态、价值取向、思想态势等方面的显著变化，甚至是对这些方面的彻底颠覆。这种变化与颠覆首先可以从人们的价值观和生活形态的改变而略见一斑。当下关于人们新的价值观和生活形态的描述可以被归纳为诸如快时尚、新享乐主义、优质至上、慢生活等。快时尚是全球化、民主化、年轻化以及网络化等社会潮流共同影响下的必然

产物。几十年来，新一代年轻族群受互联网及高科技的强烈影响，不再认同老套的消费模式和生活节奏，极具个性的反时尚风潮如飓风般席卷全球，快时尚这股风潮便应运而生，并且所谓的反时尚也成为了时尚。快时尚的快就在于人们的种种生活模式和节奏都在被快速地改变，即快速消费、快速更新、快速厌弃。无论快时尚对人们的影响是否是正面的，不可否认的是其正在强力渗入国际化大都市的血脉。新享乐主义是与其前身20世纪80年代的享乐主义相对而言的，"Life is short, play hard"，宣扬生命短暂、及时行乐、减压哲学的新享乐主义是物质时代引燃时尚、助推时尚的招牌，在和平稳定的环境、物质丰富的时代、竞争愈演愈烈的社会态势之下，及时行乐的新享乐观念渐渐成为都市人的心灵安慰剂。随着全球经济一体化以及国际时装业20世纪90年代开始推行的"时尚民主化"运动，时装以及除此之外的其他奢侈品、艺术品、新艺术形式、休闲享乐意识等逐渐呈现大众化之势。于是，更独特、更超前、更优越、更区别于大众流行的更高的标准成为上流以及中产阶层新的体验和追求，优质至上就不仅成为一种对生活方式的追求，同时也是满足优越心理的迫切需求。在中国，正在崛起的有钱、有闲还有品位的新贵们正在全力推崇并且极力营造着优质至上的生活理念，力争使自己

11

成为体面的、成熟的、有教养的，有能力趋优消费并进行奢侈运动等的新上流社会的有钱人。大工业时代延续至今的"快文化"，导致全世界范围内患有"时间疾病"的人越来越多，经济高速发展的中国更是有过之而无不及，于是精神紧张、情绪和心态呈现负面状态、焦虑失眠和抑郁等身体和心理问题屡见不鲜。在这种背景下，新的慢生活国际运动在科技支撑下开始挑战"快"的霸权。效率至上的工作节奏、早衰早逝的精神压力，促使都市精英们开始反省自己的生活方式，纷纷投身休闲、度假与健身，以期获得生命的平衡和压力的释放。虽然在飞速发展的中国，慢生活理念对大多数上班族而言仍是奢望，但它至少提醒了人们有意识地调整自己的生活节奏、有意识地体味慢生活传达的人生精髓、有意识地感受慢生活带给人们的愉悦和平静。

娱乐意识同样对人们具有相当的冲击，比如，当今的电视、电影、艺术、音乐、戏剧、次文化等都在文化、心灵、消费形态方面给我们蚀刻了各种印记。它们都发挥了或长期或短期、或大或小、或明显或微妙、或单纯或深邃的影响力，越来越多的人开始关注名人富豪、明星政要、顶尖阶层人士以及那些努力工作的同时也专心玩乐的大有成就的人士，甚至观察他们养的宠物、收藏的艺术品以及他们的豪宅和座驾，他们所参加的各类活动中的着装、举止都是媒体炒作、公众关注的焦点。其中，影视作品经常是时尚的灵感缪斯，时尚也经常成为影视作品的表现主题，两者的亲密关系由来已久。历史上，耀眼的影视明星可以通过一部经典的影视作品、一个超级迷人的角色，影响一个时代的时尚。从某种意义上来讲，影视和时尚是一对搭档，它们为人们创造梦想，令人欲罢不能、深迷其中。另外，在互联网和新媒体大发展的时代，传统电视媒体绞尽脑汁地寻求突破，以求能够夺回大众视线。值得一提的是，根据国际时尚趋势网英国在线时尚预测和潮流趋势分析服务提供商（Worth Global Style Network）WGSN预测，名人的影响力将不断扩大，而且这种影响还会持续很多年。他们认为好莱坞的奥斯卡颁奖典礼更多的是关注时装，而非电影，红地毯绝对是不容错过的、纯粹的时尚T台。为此，WGSN增加了对全球名人的报道，他们

宣称："全世界的好莱坞明星以及电视明星，所有能够影响潮流或者引领一个国家时尚的人都在我们的报道范围之内。" 不得不提及的还有流行权力人物对时尚的影响力，尽管时尚总是弃旧迎新，而且有点嫌贫爱富，但是它仍然需要主流支撑，因此负面诱惑很难被名正言顺地奉为时尚楷模。从某种意义上来讲，让大众痴迷并追随的时尚，很多都是由对时尚有着强烈影响力的权力人物制造、引领或推动的。

高科技、互联网与新媒体每时每刻都在影响着整个世界的发展。它们以巨大的强势力量不断渗透、刷新、改变着人们的生活、工作和学习，三者的交叉互联以及产业化的发展趋势将同时交叉地引导着大众生活、大众观念和大众文化的新走向。高科技既让我们自由自在，也让我们遭受奴役；它能充实我们的生活，也能使我们的生活产生巨大变化；它或许能带给我们快乐。新媒体的产生似乎已经成为人们家庭中主要的娱乐重心，它所造成的影响远远超乎我们的想象，同时也与人们一起进行着应对新变化的挑战。

最后值得一提的是，一向高调出现的艺术表达形式也不断地渗透到人们生活的方方面面。以大牌服装设计师为例，近年来，很多服装设计师似乎已

经不满足于仅仅在时装领域的涉猎，不约而同地将自己在时装范畴的设计理念和经典风格不遗余力地推广到其他领域，从汽车到数码产品，从家居到酒店，乃至餐馆等。例如，2008年夏季，时尚界鬼才设计师组合维果&罗夫（Viktor & Rolf）亲自操刀为日本著名化妆品品牌植村秀设计彩妆装饰品，既具有典型维果&罗夫的装饰艺术风格，而且富有浓浓喜剧色彩的植村秀维果&罗夫限量版假睫毛系列产品。此外，意大利著名时尚大师乔治·阿玛尼（Giorgio Armani）亲自设计了奔驰（Mercedes-benz）CLK500敞篷跑车；2006年，大众公司请纽约著名华裔服装设计师谭燕玉（Vivienne Tam）为车模设计车展服装，将大众汽车领先的科技技术与谭燕玉中西合璧风格的服装视觉艺术巧妙地融合；意大利著名品牌普拉达（Prada）与LG成功合作甚至以《穿普拉达的女王》（*The Devil Wears Prada*）为蓝本设计了红色新机；阿玛尼与Samsung合作推出新型手机并引发了数码界一机难求的场面；以跨界合作大师著称的夏奈尔（Chanel）的时尚恺撒大帝卡尔·拉格菲尔德（Karl Lagerfeld）也没有耐住寂寞邀请了著名设计师坎耶·维斯特（Kanye West）联合推出了一款非常时尚前卫的概念手机Chanel Coco Phone；著名模特或歌星、影星参与时尚品牌的设计更是不胜枚举，如《欲望都市》（*Sex and the City*）女主角莎拉·杰西卡·帕克（Sarah Jassica Parker）于2007年与美国知名休闲服饰卖场品牌史蒂夫&普里沃（Steve&Barry's）合作推出品牌Bitten，超级名模凯特·摩丝（Kate Moss）与英国平价时尚巨头Topshop于2007年合作推出KM Topshop品牌等；阿玛尼在香港岛中环站的渣打大厦内亲自操刀设计了3000平方米的阿玛尼王国酒吧，杜嘉&班纳（Dolce&Gabbana）躲在米兰繁华闹市后的幽静富人区的极其奢华的金牌（Gold）餐厅，以及在北京的798和上海的1931等，以时尚包装废弃工业建筑的风潮此起彼伏。诸如此类，艺术渗入时尚、时尚无孔不入的种种现象以及时尚大师们的跨界意识和做法渐渐地不失为一种国际最潮流的风尚，从传统到现代，从东方到西方，并且潜移默化地影响着人们的审美情趣和生活形态。

形象设计作为诸多时尚设计种类中与人们生活、工作息息相关的重要组成部分，其产生和发展的时代背景以及不可或缺的必然性越发显而易见。在这种追求新奇、变化、个性和品质的时代，形象设计岂能不随波逐流！

事实上，形象设计作为人类的一种文化形态，其历史可谓源远流长。就中国文化史而论，关于形象设计的史料记载、典故，特别是历代绘画及文学中关于该方面的艺术形象，曾深深地影响着华夏民族穿衣打扮数千年，当中的许多内容至今仍闪耀着璀璨的光辉。从历史角度看，现代形象设计在国外的发展历史较长，并且也较为普遍，而国内在该领域尚处于起步和发展阶段。化妆界曾流行过这样一句话：20世纪60年代讲化妆，70年代讲香水，80年代讲健美，90年代讲美容，21世纪讲形象。出此可见，已经开始流行对人对己进行全方位的形象设计，也就是人物形象的整体塑造，这是社会发展到一定阶段的必然产物和审美诉求，也势必成为现代社会的一种时尚。

二、形象设计的概念

提及形象设计的概念，首先必须要明确何谓"形象"、何谓"设计"。

形象（Image），属于艺术范畴，泛指占有一定空间、具有美感的形象或者是使人通过视觉来欣赏的艺术，可概括为创造出来的物体或人物的形象，在《辞海》中被解释为"形状相貌及根据现实生活各种现象加以选择、综合所创造出来的具有一定思想内容和审美意义的具体生动的图画"。由此可见，"形象"的含义应从广义和狭义两方面来概括。前者是指人和物，包括社会的、自然的环境与景物，后者专指人。

设计（Design），含有徽章、记号、图案、造型、形式、方法、陈设等含义，在《辞海》中被解释为"根据一定要求，对某项工作预先制订的图样和方案"。

就"形象设计"而言，它从属于现代艺术设计的范畴。因此，它是集现代设计之共性和自身特点于一身的艺术造型形式。它的构成形式是运用各种设计手段，借助视觉冲击力和视觉优选，从而引起心理的美感判断，并着重于研究人的外观与造型的视觉传达设计。

在当今社会，"形象设计"作为近年来最为时尚的词汇，我们对其早已是妇孺皆知、耳熟能详了。但无论是在专业书籍中还是在报纸杂志中都较少对其概念进行确切的界定，这或许是因为形象设计尚处于待发展完善阶段。所以，在我们分别明确了"形象"和"设计"的含义之后，再从广义和狭义两个角度来解释"形象设计"的概念就显得水到渠成了。

从广义上讲，形象设计是指在一定的社会意识形态支配下进行的一种既富有特殊象征寓意又别具艺术美感的衣着妆扮的创造性思维与实践活动。它以体现人的社会属性为首要目的，体现审美属性为其次。

从狭义上讲，形象设计是以审美为核心，依据个人的职业、性格、年龄、体型、脸型、肤色、发型等综合因素来指导人们进行化妆造型、服装服饰及体态礼仪的完美结合的创造性思维和艺术实践活动。简而言之，即按照美的创作规律进行衣着妆扮。狭义概念与广义概念的差别是，狭义概念是以体现人的审美属性为首要目的，体现社会属性为其次。审美属性一方面与人的自然形体融为一体，表现出人的外在美；另一方面它又与人的气质、性格、思想、情趣、爱好等相适应，表现出人的内在美。因此，可以将其视为是人的内在美与外在美的综合产物。

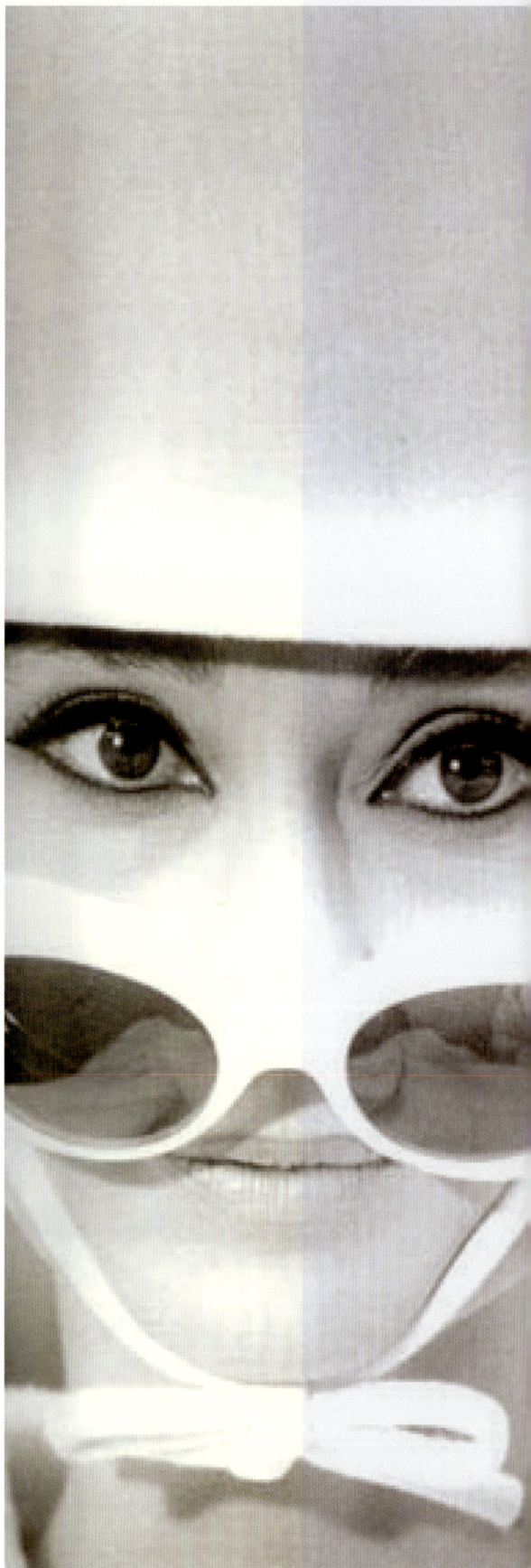

第二节　形象设计的发展演变

　　人类对于美的追求，是和人类的诞生同步的，有了人类，形象设计就在有意与无意之间自然而然地产生了，人类文明随着社会生产的发展和人民生活水平的提高而不断发展，每个历史时期的政治、经济、文化的繁荣兴旺都会留下不同程度的烙印，形象设计的历史在一定程度上反映了各个时期和各个民族的政治、经济、文明的兴衰。世界各国人民自古以来都比较注意仪容仪表的整洁美观，在发型、服饰、化妆和美容等方面有着丰富的内容和优良的传统，为我们留下了极为宝贵的遗产。中国古代典籍《礼记》、《诗经》、《左传》、《论语》、《史记》、《战国策》等对此都有过生动的记载。孔子曰："质胜文则野，文胜质则史。文质彬彬，然后君子。"儒家弟子也曾说："君子所贵乎道者三，动容貌，斯远暴慢矣。"近代西方发达国家对人物形象的塑造早有研究，这对于时尚产业正处于起步阶段的中国而言，无疑起到了推波助澜的重要作用。

　　同其他艺术门类一样，对形象设计发展史的了解和掌握，不但能使我们"瞻前"并"顾后"，还能让我们在进行创作的过程中不断地汲取灵感源泉。下面就对1900～2000年这段历史时期的形象设计的发展做一个简要的概述。

　　1900～1910年：此时的时髦女性用笔蘸着中国墨和玫瑰水的调和液来描绘眉型，用黄瓜汁和玫瑰花瓣的调和液作为口红。服装发生了根本变化，即宫廷的奢华被朴素简练取代，女装从此走上了由设计师统领的全新时代。

　　1910～1920年：化妆崇尚自然健康、圆润娇媚。一般人不太注重化妆，虽然有些化妆品如眉笔、睫毛膏、香粉面世，但价格昂贵，普通人只用墨粉涂黑眉毛或用化妆品涂红嘴唇而已。多数时间花在头发的辫结、盘髻上。第一次世界大战使妇女成为战时劳动力的唯一资源，这一现实使女装删除所有的烦琐装饰，大胆地缩短了裙长而使富有机能性的"男士女服"正式在妇女生活中立足。运动套装和H型套装受到广泛欢迎。

　　1920～1930年：受第一次世界大战的影响，女性开始在社会上具有独立地位，出现了一批新女性形象。她们喜欢齐耳短发、整齐浓密的刘海儿或用发乳和手指卷曲出的波浪形卷发。化妆开始在全球盛行，涂面霜、上白粉、描画窄而薄的唇型以及纤细低垂的一字眉成为最受欢迎的化妆方法。战后，华尔兹舞和爵士乐盛行，女性开始向男性看齐，压平乳房，放松腰线降到臀围线的位置，臀围被束紧而变得纤巧，裙长短到膝盖附近，丝袜和鞋的设计十分讲究，此时代前期流行黑色长袜，后期流行肉色丝袜。

　　1930～1940年：电影成为这一时期影响全球的文化产品。葛丽泰·嘉宝因此成为经典美女，她雕塑般的线条、弯弯的拱眉、曲折分明的薄唇、长长的睫毛成了当时的楷模。化妆上，口红的色彩极为丰富，唇型扩大，眼影使用单色朦胧的晕染起到强化效果，烫发和披肩波浪卷发受到青睐。中国电影受到西方风尚的洗礼，以胡蝶、阮玲玉等人为代表，以烫卷而贴面的中短发、细平眉、樱桃嘴和旗袍及各式披肩最为流行。受经济危机影响，妇女又一次被迫回到家中，女装再次出现尊重优雅的倾向，晚礼服大胆露背的形式开始流行起来。

　　1940－1950年：经历了第二次世界大战的磨砺，女性的优雅因迪奥"新风貌"的出现而再度被重视，只是显得理性许多。眼妆系列成为便妆的一部分。发型趋向大波浪烫卷，前额用发胶固定高耸。以周璇、王丹凤为代表的中国女性则流行弯挑的柳眉、光润的红唇、淡色眼影和假睫毛，发式高耸蓬松。服装上突出女性的曲线美，崇尚表现圆润的肩线，丰满的胸部、裙摆宽大并长及小腿，流行细高跟鞋，整体形象十分优雅。

　　1950～1960年：化妆上受到个人独立意识的影响，眉型以粗且带折角为主流，眼线也是粗而高挑，假睫毛在眼尾处得到强化，唇型偏厚，滋润光泽、曲折圆满。中短发又重新流行，染发成为时尚之选，代表人物有玛丽莲·梦露、奥黛丽·赫本等。在这十年里，迪奥推出了以放松腰身、突出袖子为设计要点的"椭圆型"、"郁金香型"和"H型"女装，还为女性除去了紧身衣，强调自由舒适的感觉，也奠定了现代女性朴素、简洁的着装格调。

　　1960～1970年：战后的人们具有强烈的叛逆、颓废心态，崇尚刺激、享乐、性自由的颓废派出现了。化妆出现大的变革，假睫毛被重叠使用，下睫毛刷出泪痕，眼线粗犷，眼影浓重，唇型厚而光亮性感。化妆色彩也因太空时代的出现而随之创新出科幻色彩，如白色、黄色、银蓝色等。发型则由修剪精致的短发、长刘海儿的直挂式长发、爆炸式卷发组成。此时代的到来给全世界带来了一场空前的"年轻风暴"。美国出现了"嬉皮士"一族，他们沉醉于爵士乐、性、麻醉品、暴力。男孩蓄长发、穿卡其棉夹克、牛仔装，女孩则穿黑色紧身衣、不涂口红、眼影浓艳。简洁、轻便和年轻化使女装色彩单纯、式样简洁而富于机能性。伊夫·圣·洛朗、皮尔·卡丹等设计师成为这一时期的成衣业领袖。

1970～1980年：化妆上一改以往点、线式手法，而成大块色彩晕染的块面式手法，色彩丰富且晕出浓黑眼眶、立体式眼睑、大块面颊影，亮粉质的化妆品极受欢迎，并且出现了鼻部饰物。发型千奇百怪，嬉皮士风格主宰了世界。疲于宽松的人们对合体的构筑式传统服装产生了兴趣，多元化消费理念"自由穿着"成为新的潮流，民族风、运动休闲等多种风格同时出现。

1980～1990年：国内除了增白化妆品少见彩妆品，化妆上讲究白或红润的底色、乌漆的粗黑眉、眼尾涂黑影、油亮的红唇以及微曲的发鬟、卷曲的刘海儿和烫卷的长波浪，这些主要出现在银幕上。化妆色彩以米黄、棕、粉红等淡色为主。国际上，由于受戏剧般浪漫主义倾向的影响，自然的眉型、温和的眼影、柔软的线条是大多数女性所奉行的化妆观念。同时，在国际上职业女性有了精致的生活观，讲究理性和休闲的双重心态使此时的时尚呈现鲜明的分类。流行色以中性色为主，黑色是职业装里的主色调，而棕色则成了休闲类服饰的主色调；款式宽松多呈H型和梯形、内长外短、层叠穿法、功能错落交替，使服饰呈现无序的丰富效果。此外，高级晚装中豪华的巴洛克风格纷纷亮相，一些前卫的年轻人完全不顾品牌而纵情地表现自己。

1990～1999年：化妆已成为充满个性的表现自我丰富情感的个体行为。此时，异军突起的是在T型台上身材完美、面容娇美的精致绝伦的服饰代言人，如超级名模辛迪·克劳馥、内奥米·坎贝尔、克劳迪娅·希弗等，她们成为众人瞩目的焦点。化妆方面也空前丰富，涂黑嘴唇、化红眼睛、晶亮的粉底与眼影、拔眉、脱色，只要敢用，无所不能。化妆师的大量涌现将新理念、新创意发挥得淋漓尽致，使此时代呈现出不同于往昔年代的风情。进入此时代以后，回归自然、返璞归真的思想使服装面料更与人亲近，款式更时尚休闲，而内衣外穿、无内衣、蕾丝装饰则体现出人们对自然美的推崇。1998年，灰色的优雅与迷茫占据了年轻人的心，同时人们也开始尝试"未来感"的运动装。1999年，无论是职业装还是休闲装都向明净柔和的色调靠拢，人们喜欢以简洁的无扣装和具有展望性的戴帽运动装来装扮自己。在庄严、自信、静穆的氛围中迎候新世纪的来临。

第三节　形象设计的意义

　　形象设计是一门面向21世纪的综合性学科，该学科的建立是社会物质文明和精神文明高度发展的迫切需要和必然结果，同时也是其在社会交往中的重要作用所决定的。

　　形象设计的意义主要体现在，它是以审美为核心，综合个人的职业、性格、气质、年龄、体型、脸型、肤色、发型等因素，通过化妆造型、服饰搭配、形体姿态以及礼仪规范的完美结合，来呈现一个人在社会群体体系中特定的地位、身份等，也就是其在社会环境中所充当的角色。

　　每个人的整体造型都无疑是一种视觉和内心感受的综合体，它就像名片一样，在无言中完整地展示着一个人的方方面面。莎士比亚有一句名言"如果我们沉默不语，我们的衣裳与体态也会泄露我们过去的经历"。的确，在生活中人们往往通过一个人的形象来判断其年龄、身份、感受等，并予以相应地交往、对待和沟通。正如我们常说的"7/38/55"定律，对于一个人的最初认知，有7%是通过语言、38%是透过肢体动作，而另外的55%则是依据外表装扮。

　　社会的发展已进入信息时代，人才竞争愈演愈烈。只有掌握竞争手段、提高竞争能力，才能在激烈的竞争中赢得一席之地，而形象设计则是众多竞争手段中不可忽视的重要部分。人才市场的激烈竞争，使得即将踏入社会的大学毕业生们为了找到自己理想的职业而奔波忙碌。为了这个目标，他们使出浑身解数，各显神通。近几年来，形象设计在求职大军中已成为一种发展趋势，并受到越来越多人的关注。甚至听闻有人为了求职不惜花费数以万计的代价进行形象包装，足见形象设计在当今社会的重要性。确实，要想得到一个理想的职位，除了要具备丰富的德、才、学识等内在要素，还要从言谈、举止、服饰打扮等外在要素方面加以注意，以便在求职面试时能够充分展示自己的最佳形象，获得成功。得体的外部形象是成功的标志之一。奥斯特是迪金森大学的教授，他曾向300多家公司寄去同一假想的求职者的个人简历（区别在于所附照片有的是修饰形象前拍的，有的是修饰形象后拍的），请公司确定其薪水。结果，修饰形象后与修饰形象前相比，薪水要高8%～20%。这个事实说明，得体的形象设计在求职面试中是绝不可忽略的一个环节。生活水准的普遍提高不仅体现在普通人也在以各种方式追随时尚流行、改善着装品质、优化生活质量，而且还体现在人们开始关注工作环境以及着装环境的改良。以医护人员的制服变化为例，医护人员一向以素雅洁净的白色着装为形象特征，没有浓妆艳抹的痕迹，留给患者的感受是信任和亲切。但是，这样的装扮又难免过于冷淡和乏味。于是，各大医院的部分科室改进了着装色彩，并且允许医护人员化淡妆，如儿科、妇产科改用浅粉色服装，温馨、亲和的人情味油然而生；手术服改为浅绿色，一方面绿色象征着生命、祥和、生机，看到这样颜色的制服会使病人消除恐惧感并看到重新康复的希望，另外红色血液残留于绿色手术服上可以避免医生产生视觉混乱而影响手术。红色血液落在白布上，当医生注视红色斑痕后再转视另一块白布时，就会看到大小形状完全相同的一块浅绿色斑痕。而长时间注视红色血液后，将视线转移到浅绿色的布面上，不仅不会产生这种现象，还能缓解医生、护士眼睛的疲劳。所以，改为绿色手术服可以消除血色产生的绿色残像，避免视错现象的产生。

在这个信息快速传播的时代，电影与电视的出现拉近了名人与百姓的距离，人们越来越多地关注公众人物。由于人们的心理倾斜或对美貌、智慧和力量的崇拜而去追随和效仿名人，这便是公众人物尤其是娱乐圈中的公众人物成为人们茶余饭后欲罢不能的关注焦点之所在。然而，对于决定这些公众人物演艺事业的定位走向和发展前途的幕后策划及经营者之用心良苦，却是不为众人所知，但却着实是运营者、经纪人、造型师们出手不凡的创作结果。娱乐圈中歌手的包装就是最好的例子。作为歌手，如果有一个合适的包装，不但能够更好地诠释歌手的音乐和他们的个人风格，而且还能在竞争激烈的唱片市场中占据优势，处于不败之地。香港的唱片工业兴旺发达，从市场分析（这个时代需要什么歌手）、到创意设计（把他们塑造成哪一类的歌手）、到艺术创作（挖掘他们最大的音乐潜质）、到制作生产、再到传播营销，形成了一整套音乐工业生产化流程，这个流程同时也是一个歌手科学包装的过程。只有在了解市场需求的情况下才能使歌手的形象包装不断得到完善，才能使他们在不断变化的唱片市场中取得竞争优势。

近年来，不管是社会崇拜的偶像还是名人政要，他们的穿戴不仅影响到时尚潮流，而且还推动了服装产业的发展，同时，更是一种有效的政治工具，因为政治家们的打扮是与大众互动的交流行为。本杰明·富兰克林曾忠告说："为自己而吃，为别人而穿。"对政治家而言，穿着是绝对不能疏忽的方面。如果想成为大众支持的政治明星，就要通过着装来表达自己，通过着装的色彩来传达政治态度和信息。由此可见，名人效应已经在我们生活中的方方面面产生着深远的影响，尤其是在形象塑造方面。一个完整而恰到好处的形象设计对于名人政要而言，其意义远不止打造个人的完美形象，而在于完善其意义深远的政治身份。

美国《名利场》（*Vanity Fair*）杂志在网上公布了2007年度全球最佳衣着人士排行榜，52岁的法国总统萨科齐榜上有名。这次，和他并肩出现的不是政治明星，而是那些在衣着装扮上极其考究、一贯引领时尚潮流的好莱坞影星们。萨科齐被喻为"最会穿的政治家"，他外表光鲜、穿着得体，有趣的是，他最爱的品牌并不是法国国货，而是意大利品牌普拉达。《名利场》对萨科齐的衣着打扮评论道："尼古拉斯·萨科齐的穿着具有世界级水准。他的风格耀眼、浪漫、富有男子气概，而且还带有一种极富吸引力的亲切感和幽默感。"《名利场》特派记者艾米·柯林斯表示："我们很喜欢他在总统就职典礼上所穿的普拉达西服，我们认为他所有的衣服，包括他慢跑时所穿的运动服都没有可挑剔的地方。"

另外，在政要们的形象设计上尤其值得回味的是英国前首相撒切尔夫人的形象，其可谓形象设计之典范。因为她的形象设计既体现出她不凡的艺术品位，又能使人感受到她那显赫的社会地位。撒切尔夫人的形象既具有人称"铁娘子"的干练、精明与气魄，又不失女性的优雅、端庄与含蓄。在她竞选之前，国立剧院专业教师教其发音，一改她浓重的家乡口音，使其发音更为悦耳。成为英国首相后，还有专人为她设计谈话的内容，如发型、护肤、服饰、事业与家庭的关系，使她身上那般政治人物特有的人情味油然而生，从而博得各路媒体的尊重和敬仰，尤其是获得公民的支持和拥戴。此外，她还经常在很多公开场合穿着艳而不俗的桃红色套装，这不仅使她显得精力充沛、大方得体，而且还会为某些严肃的政治场合平添几分轻松与亲切，这无疑对拉近彼此距离、求同存异、沟通思想起到特殊作用。她的形象设计师戈登·里斯以其高超的艺术造诣在国际上受到普遍好评，并被封以爵士这一贵族称号，法国著名化妆大师奥利维亚曾称撒氏的化妆明亮而不阳刚，简直是完美无缺。

从历史上看，形象设计是人类文明的重要标志之一。就个人而言，它标志着一个人的文化素质、品位格调、经济状况、生活方式和生活态度；就整个社会而言，它影响到经济文化的发展速度与繁荣、社会与公众形象、国家与国际印象等。特别是那些活跃在政治舞台上的国家领导人，其衣着打扮还常常包含着政治抱负，甚至代表着国家形象。因此，形象设计不仅个体意义重大，社会意义也不容忽视。当今小到公司企业、大到城市国家，从政界要员到娱乐界明星、再到街头巷尾的普通百姓，都已经或正在兴起一股形象包装的时尚热潮。

　　2008年是中国的奥运年，共计204个国家或地区代表团（文莱除外）满怀对奥运精神的向往和憧憬参加了第29届北京奥运会。众所周知，奥运会上运动员服装是体现该国奥运团队精神面貌和一个国家或地区体育文化的重要标志，是历届奥运会上的诸多亮点之最，这也是各个国家极力尽善尽美奥运服装的缘由。在奥运会的整个进程中，每个代表团至少要有训练服、日常服、比赛服、领奖服和开幕式礼服等数套服装，所有奥运服装都是以红、黄、蓝、绿、黑五种颜色组成的五环相扣为特殊的共同标志，但是更重要的是，各个国家及各国运动员都牢牢抓住了这个展示自己健硕体魄和美好形象、突出各国精神风貌和民族文化的绝佳时机，淋漓尽致地刷新着世人对该国形象和精神的印象。例如，首个出场的是号称将世界上所有的蓝色都用尽了的爱琴海国家希腊，希腊代表团的开幕式服装是以白色为主色调，配以时尚的浅灰色。男运动员服装为白色西服，里面是白色浅灰色条纹衬衫，搭配以白色为底色的领带；女运动员的服装为白色套裙，搭配浅灰色内衣和白色与浅灰色圆点图案的丝巾。美国奥委会与该国世界知名品牌拉尔夫·劳伦（Ralph Lauren）签署协议，由其旗下的Polo为美国奥运代表团的1500名运动员提供开幕式、闭幕式和期间日常穿着的服装。具有典型美式学院派服饰风格的V字领网球衫和领带、绣有北京的中文字衬衫、红白蓝色彩及在服装上出现的Polo标志深深地印在世人的脑海中。西班牙奥运队则是由李宁这个中国本土品牌赞助，如果说耐克和阿迪达斯等国际运动品牌赞助奥运会是平常得不用再提，那么李宁品牌的标志出现在其他国家代表队的队服上可算是中国品牌走向国际舞台的契机。红色和黄色是西班牙王国的标志性色彩，

红、黄搭配的服装很容易让人联想到中国代表队曾经的服装，只不过此次是穿在那些金发碧眼的欧洲人身上。乌克兰代表团的服装大多使用了乌克兰国旗的颜色蓝色和黄色，但也有两套红色服装，服装上都印有乌克兰的国徽图案。意大利代表团的开幕式服装是由现代感材质制成的灰色夹克，内着意大利人惯穿的蓝色衬衫。澳大利亚代表团的开幕式礼仪套服没有选择他们惯常使用的金黄色和绿色搭配，而是选择了蓝色条纹面料，纤细的条纹表现的是澳大利亚大陆的外轮廓，由意大利本土品牌Sportscraft设计，采用意大利的羊毛面料，在中国裁剪制作完成。奥地利代表团的开幕式服装是以红色和白色为主，使运动员看起来很有活力。俄罗斯代表团的开幕式服装以俄罗斯国旗红、蓝、白三色为基调，里面衣服上的图案是俄罗斯标志性的火鸟造型。德国代表团的开幕式服装一直是以传统的黑、白两色作为奥运服装的主打色，但是在2008年北京奥运会开幕式上的服装则添加了一些红色和黄色的色彩元素，以示对东道国传统色彩的喜爱和尊重。当然，最值得提及的还是中国奥运代表团队员们的开幕式入场服装。伴随中国体育健儿出席2008年8月8日北京奥运会开幕式的奥运全套礼仪装备，出自中国代表团礼仪装备赞助商恒源祥集团奥运VIK设计团队，全套奥运礼仪服饰包括上装、裤装（裙装）、衬衫、礼仪帽、领带（丝巾）、腰带、礼仪鞋等。其中，技术官员的礼仪服饰的上装及下装的颜色以藏蓝色为主色调，内配白色衬衫；运动员的服装则采用传统的"红黄配"，男装以红上装配黄衬衫、奥运五环领带，女装以黄上装配红色吊带、祥云丝巾，下装、礼帽、腰带及礼仪鞋均以白色为主。色彩上选用国旗色，即红色和黄色为主色调，红色能够表达中国人的喜悦心情，增添祥瑞之气，黄色则象征端庄、典雅，让人产生对美好生活的向往。奥运会仅仅是世界各国人民关注本国形象、关注个人风貌的一个缩影，但这已经足以证明形象设计的的确确已经涉及一个国家和社会的方方面面。

　　总之，形象设计这一设计门类产生的必然性和重要性是显而易见的，它不仅给人们的视觉审美带来愉悦、和谐，而且还促进了一个国家和民族的社会文明、文化素养的提升和进步。

第四节　服装模特学习形象设计的意义

作为一名服装模特，在时装表演、时装拍摄、品牌宣传这些典型的专业工作中，以及参加专业大赛、接受媒体采访、会见客户，甚至包括到经纪公司面试和平日的形象维护等，都需要依据自身的整体条件，结合流行时尚，针对不同状况进行专业的形象策划。此外，服装模特的跨界风潮也是愈演愈烈，这便对服装模特的专业形象规划提出了更高的要求。

事实上，服装表演是用艺术的形式完成商业的目的，服装表演的本质并不是像人们看到的那样只需要几个容貌靓丽的模特在台上来回走走，服装表演是服装企业或时装设计师用来向消费者推销自己产品、展示流行趋势、传播服饰文化的宣传工具，是整个服装产业链中重要的营销环节，即便是完成一台简单的服装表演，也需要有烦琐的前期准备工作和庞杂的后台技术支持，穿着光鲜的时装模特只不过是人们看到的露出水面的冰山一角。百年时光过去，T型舞台连接起纽约、巴黎、伦敦、米兰，继而西风东渐，T型天桥冲向东方，连接起东京、上海、北京、香港、广州等每一个渴望跻身世界、融入世界服饰文明和流行时尚之国的都市。欧美各国都用模特来推销自己的时装商品，出现了专门的模特学校，模特行业日渐被众人所关注。一些西方著名影星如格雷斯·凯莉、波姬·小丝等，在她们从影之前都有一段模特生涯；而索菲娅·罗兰这样的大牌明星，也曾从银幕步入T型台，应邀为法国时装品牌担任新装模特；辛迪·克劳馥、吉赛儿·邦臣、凯特·摩丝等，她们也相继在"新面孔"的各个历史发展时期留下了浓重的一笔。在当下，超模们已经不仅仅满足把脚步迈在T型台上，同时他们把脚步也迈向了世界娱乐的舞台上，如拍电影、出唱片，超模们尽情地绽放着自己的光彩。在国外，继加拿大超模艾瑞娜·拉萨雷努（Irina Lazareanu）一展她那沙哑细软的歌喉之后，阿格妮丝·迪恩（Agyness Deyn）和黛西·罗易（Daisy Lowe）如今也在尝试闯荡音乐界；在国内，瞿颖、胡兵、于娜等都纷纷推出了自己的唱片，并大多在各大榜单上榜上有名，拍电影、做慈善、出席各大音乐颁奖典礼，几乎每个娱乐的角落都能找到他们的身影。这些国际知名的模特们，不仅具备了相关领域的专业素养，而且，无一例外地以自己独特的职业形象扎根于大众的意识中，不可磨灭。

此外，服装模特还应对流行时尚具有特殊的敏锐和理解。时尚圈不会像小孩子那样专情，一旦觅得"新欢"，改朝换代的事就免不了接踵而至。奔波于时尚之中的模特们不只是影响时尚的重要角色，更重要的是他们要在欲罢不能中解读时尚、阐释时尚、融入时尚。意大利著名时尚大师乔治·阿玛尼先生曾经说过："我的时装从不需要任何一个超模来造势"。但2008年的春夏季，他似乎违背了自己的誓言，选择的不仅是超模，而且还是最炙手可热的那一位——阿格妮丝·迪恩，来为他的春夏广告担当主角。让一向固执的大师能够情不自禁的这位超模，魅力可见不一般。这位常见于媒体并一贯梳着凌乱的金色短发、脸部轮廓分明、肤色白皙且目光无邪的假小子，不但在那一季阿玛尼的广告中独当一面，还瓜分了博柏利（Burberry）宣传照上的重要位置。在2008年初，英国 *Tatler* 杂志评选出的最佳穿着名单中，阿格妮丝·迪恩轻松击败了连续两年排名第一的时尚女王凯特·摩丝，荣登榜首。她甚至初来乍到就横扫各类时尚杂志的封面，连《时代周刊》也甘愿拜倒在她的裙下。不但如此，英国著名的人形模特制造公司Adel Rootstein也在她身上打起了主意，推出了一款以她为原型的玻璃纤维模特。据悉，这批等比例的"阿格妮丝娃娃"不久将会在世界各地的ZARA时装店橱窗里为品牌带动人气。随后，那些闯荡时尚圈有些时日但却仍旧半红不紫的模特们也学着她的样子，争相剪掉长发，变成一个又一个她的翻版，企图搭上这班蹿红的快车，却始终只能貌和神离。事实上，从时尚影响力来说，阿格妮丝·迪恩与生俱来的敏锐触觉，早已

超越了那张与众不同的脸蛋带给人们的深刻印象。这仅仅是一个成功的案例，但却昭示出服装模特应有的职业风范。流行时尚的敏锐触觉和全新的时尚审美情趣造就着一张张崭新的时尚面孔，也预示着下一个超模时代的即将来临。正是T型台上拥有着这些常见常新、五官独特、气质不凡的时尚达人，才使得时尚舞台缤纷多彩。

总之，服装模特的形象规划和形象设计是他们在时尚领域中获取一席之地的重要路径之一，也是他们进行职业规划和拓展专业的重要技巧之一。借鉴一下活跃在国际各大时装周秀场以及穿梭于国际各大时尚之都的时装编辑、时装买手等时尚达人们的装扮，我们就不难发现，个性的装扮、不俗的品位、超前的意识、趋优的选择是赢得公众趋同的绝佳手段，同时更是服装模特们的必备专业智囊。

2Part >

第二章　　形象设计的设计要素

　　形象设计的设计要素是指包括形态、色彩、肌理在内的视觉对象，就好比语言是由文字、词汇、句法构成的一样。形象设计师借助蕴涵着各种信息的视觉语言，将一个完整的视觉信息传达给受众对象。由此可见，设计要素的处理手法和运用技巧直接体现出了设计师的设计意图、构想和所要表达的情感，更重要的是设计师如何将它们在受众对象身上准确地再现出来。

第一节　　形象设计中的形态要素

　　形象设计的形态要素是进行整体造型设计的基本元素，主要包括点、线、面、体。设计师就是通过点、线、面、体构成的具象的或抽象的、平面的或立体的各种形态，赋予人们视觉上和心理上的形态差异。

　　抽象派大师康定斯基在其1922年完成的专著《点、线、面：抽象艺术的基础》一书中，曾以高度的理性精神对三者进行了详尽而生动的论述。他的那些具有奠基意义的研究成果，直至今天仍然为从事于造型活动的设计师们提供了理论依据和造型启示。从这层意义出发，构成各类造型表现形式的最基本的元素——点、线、面，将是进行形象设计的学习中需要掌握和探讨的重要课题，更是设计师们进行形象设计的出发点。通过对这种纯粹形式要素的了解，将对设计者建立自觉与理性的造型思维方式大有裨益。

一、形态要素——点

1. 点的概念

　　点是最小的基本形态。在几何学上，有位置而无大小，但在实际的视觉感官设计或造型应用上，它既有位置又有大小的变化。点的直观特征是短而小的简洁形态，这也是全部形状的先声。在形象设计中，凡是在视觉中可以感受到的小面积的形态就是点。

2. 点的特点、变化及作用

　　点在表示位置时，是一条线的开始或终结，同时也存在于两条线的交叉处。点的连续排列会产生线的感觉，集合排列则会产生虚面的感觉。

　　从抽象的角度或按照人的想象来看，典型概念中的点应该是小而圆的。但在实际造型表达中，点的形态就像其大小比例一样，轮廓也是干姿百态、各具特点的。几何形的点强化了庄重感；任意形的点突出了活泼跳跃；相同或相似的点如果反复出现，可以产生节奏和韵律之感……此外，平面上设置若干个点，由于大小和排列方式的不同也会产生截然不同的心理效应，比如会产生方向感、运动感、光感、放射感等。

由于点具有细小单位的特点，所以能创造出丰富多彩的新形态，具有简洁、生动、有趣的特点。其中单个点的存在还具有突出与强调的作用，可以集中人们的视线，形成视觉中心。比如，头饰作为点配置在上部，其装饰的不仅仅是头部或脸部，而是通过强调整体形象上部的一点，来获取某种整体效果。

点的不同形态，往往能引起人们对自然物和自己经历过的某些事物的多种联想，加之单纯的点能给人以某种情感的表达，因此，不同的点有着不同的性格。例如，方形的点给人坚实、规整、静止、稳定与冷静之感，圆形的点往往给人饱满、充实、运动、不安定的感觉，多边形的点会使人产生尖锐、紧张、躁动、活泼的联想，不规则的点会有自由、随意的感觉等。

3. 点在形象设计中的运用

形象设计中的点是相对面而言的，是指外形较细小的形态，如纽扣、胸针、耳饰、发饰以及服装款式或面料图案中涉及的点的形态等能够丰富外观形象、起到画龙点睛作用的元素。它们既可自然随意，也可秩序井然；既可生动明朗，也可整齐单一。

二、形态要素——线

1. 线的概念

线是由点的连续移动至终结而形成的图形。几何学上的线有长度而无宽度，图形中的线则有宽窄粗细之别、位置方向之差，其特点是具有高度的概括性与方向性。总体而言，线的应用比点更为广泛，多用于"应物象形"，所以被认为是造型要素中最基本、也最重要的元素之一。

2. 线的形态分类及特征

在构成学中，线被看做是点的连续移动轨迹，其运动方向若始终一致就构成了简洁轻快的直线，若有曲折变化地运动就构成了迂回的曲线。

直线分为水平线、垂直线和斜线。水平线具有平静、安稳、被动、限制的感觉；垂直线给人向上、权威之感；斜线含有运动、刺激、紧张的心理感应；向上方倾斜的线具有上升积极的感觉，向下倾斜的线具有沉降消极的感觉。水平线与垂直线的组合令人感到安定、有秩序、平稳；斜线与水平线或垂直线的组合则给人以运动、方向的感觉。垂直线的并排使用呈现横向动感，水平线的并列使用则产生纵向扩张的动感。

曲线分为几何曲线和自由曲线。几何曲线是可以用数学方法绘制出来的，如圆、椭圆、抛物线、双曲线等，给人以优雅、明了、确定、节奏之美感。自由曲线的形成具有很大的随意性，常表现出柔软、优美、婉约、丰满等特征。

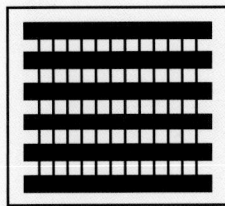

水平线与垂直线的组合

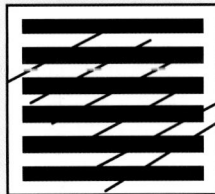

斜线与水平线的组合

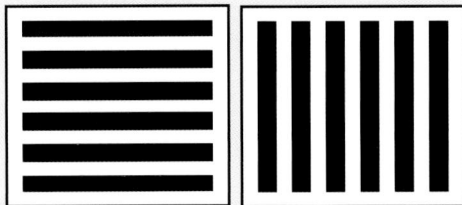

水平线和垂直线的并列

3. 线在形象设计中的运用

线在形象设计中的运用无所不在，面部化妆中的眉型、唇型、眼型，身体的线型，服装的内外轮廓线、结构线等，无不是由线来构成整体的视觉效果。这些线在形象设计中的作用，关系到设计的整体效果，可以改变形象的风格，也会直接影响形象美感的效果。平淡的形象，可以借助线条来增添变化；有缺陷的体型，可以借助线条来取长补短。比如竖的线条能引导视线纵向移动延伸，产生纵长的感觉，这个原理运用到形象设计中能使身材矮小的人显得修长；横粗线间隔较疏时，视觉效果稍显呆板但有张力，可用于高而瘦的人，增加其重量感。

三、形态要素——面

1. 面的概念

依据几何学上的定义，面是点的密集或是线的移动轨迹。如直线移动的方向与角度不同便会呈现方、圆、自由等各自不同并带有某种肌理的面型。这些形象也在视觉、心理及审美上形成各异的性格、作用和效果。此外，面有长度和宽度，而无深度或厚度，它是体的表面，界定着体的形状和大小。

一般来说，面往往在画面中所占比重较大，因此面的大小、形态、位置就显得十分关键。面的形态对设计的整体效果来说发挥着主导作用。

2. 面的形态分类及特征

面的形态由于给人的视觉感受不同，可以归纳为几何形面、有机形面、直线形面、偶然形面、徒手形面和肌理形面等多种类别。

其中，规则形的几何形面是由圆形、方形、角形等规则的几何图形所组成，具有简洁明快、条理清晰、富于哲理的特点。圆形的视觉效果完整且具有动感，正圆形中心对称，柔和中见沉稳，在圆形中截取的任何一部分即是弧形，弧形比圆形更具有运动感与速度感；方形因适合人在生活中对直角的特殊感受，通常给人稳固、坚定、不易改变的心理效应，所以适于表现厚重、有力、固执等概念；角形因其突出的角给人以紧张感，带有较强的不安定性和刺激性，最简单的角形是三角形，由于其特有的稳固结构和尖锐突出，所以具有向空间挑战的动态个性，给人以激烈扩张的感觉，等腰三角形、等边三角形则具有稳固、坚实、不可撼动的特点。

不规则形的形面是由曲线、直线合二为一构成的面形，它的外形特点是刚柔并济，富有变化之美。

有机形面是指不带有数学含义的自由曲面形，如禽蛋、鹅卵石、茄子等形态，它们共同的特征是曲线的、圆浑的、紧凑的、弹性的、合理的，并颇富视觉美感。

偶然形面是指用特殊技法绘制而成的面形，比规则面形更具情趣，新颖别致。

肌理形面是指以擦、印、刮等特殊方法制作而成的面形，带有明显的纹理感，表现恰当会获得意想不到的效果。

徒手形面是指信手涂鸦而来的面形。

一般来讲，面总是要与点、线综合运用，如面与点结合、面与线结合或面同时与点、线结合等来进行设计的。其中，面积所占的比例不同，造型现实的视觉效果也会各有其趣、各具美感。

3. 面在形象设计中的运用

形象设计中的面突出表现在构成服装款式变化的外轮廓上和服装乃至化妆造型上的块面分割及分割比例的关系上。例如构成服装款式变化的外轮廓，人们常将衣服的各部位视为几个大的面，将其按比例有变化地组合起来，构成服装的大轮廓。再如，服装、化妆等造型上的块面分割。面经过分割以后，构成各种不同的比例关系，给人以美的感受。如果几种色彩组合，每种色彩应占多大面积、上装与下装的长度为多少才能弥补身体比例的缺憾、帽子的大小和造型如何与服装或脸型相配等，这些都必须呈现一种美的比例，这就要求要有合理的分割。

四、形态要素——体

1. 体的概念

体是由面的连续移动至终结而成。体是具有长度、宽度和体积的多平面、多角度的立体形，如人体、立方体等。体有占据空间的作用。形象设计中从不同角度观察体，会呈现出不同视觉形态的面。

2. 体的形态分类与特征

最基本的立体形态有球体、圆锥体、正六面体、圆柱体、三棱锥体、棱柱体等。在形象设计中，体所表现的是一种量感，通过线的多种组合变化和面的形状大小，可以组成多种形态的体。厚重的体有坚实之感，轻薄的体有飘逸之感，细长的体有坚硬、挺拔之感，圆形的体有不稳定的动感，多边的体则使人感到生动、活泼。

体在形象设计中具有非常重要的实际意义，因为形象设计的对象"人体"就是立体的形态，而且始终处于运动状态。人体是一个极为复杂的多面体，个体差异性极大，同时也是服装的附着载体，因此，形象设计中的外部包装一定是建立在对人体的理性和感性认知之后方可着手进行的。

3. 体在形象设计中的分类

人类体态特征千变万化，胖瘦不均，在整体形象中要求用服装来修饰人的体型。服装的廓型是指服装正面或侧面的外观轮廓，是服装款式造型的第一要素。20世纪50年代由克里斯汀·迪奥开始推出以数字为名称的服装廓型表示法，一般分为A型、H型、X型、T型。

（1）A型：上衣和大衣以不收腰、宽下摆，或收腰、宽下摆为基本特征，上衣一般肩部较窄或裸肩，衣摆宽松肥大；裙子和裤子均以紧腰阔摆为特征。用以修饰胯部宽大、大腿粗壮的体型。

（2）H型：上衣和大衣以不收腰、窄下摆为基本特征。衣身呈直筒状。裙子和裤子也以上下等宽的直筒状为特征。用以修饰腰部粗壮，或整体圆润的体型。

（3）X型：上衣和大衣以宽肩、阔摆、收腰为基本特征。裙子和裤子也以上下肥大、中间瘦紧为特征。适合四肢粗壮、腰部较细，或体型整体壮硕，可以修饰出纤细的腰肢。

（4）T型：上衣、大衣、连衣裙等以夸张肩部、收缩下摆为主要特征。较好地遮挡住人体上部，修饰肩部线条，拉长人体身高比例。

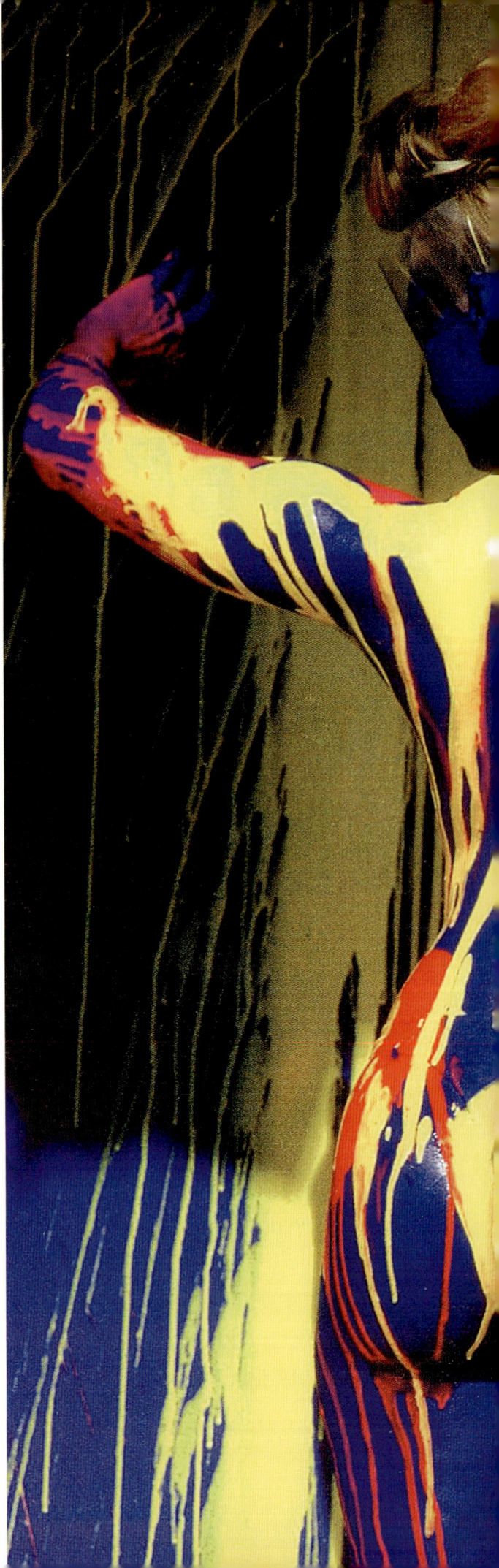

第二节 形象设计中的色彩要素

民谚流传中有"远看颜色近看花"之说，造型艺术素有"形与色的艺术"之誉，瑞士著名色彩学家依顿曾经这样说过："无论造型艺术如何发展，色彩永远是首当其冲的重要造型要素。"由此可见，色彩在人类生活与艺术创作中所承载的重要意义。

1974年，美国人卡洛尔·杰克逊女士总结了一套人与色彩的配合规律，并由此创立了色彩四季理论体系，首次将人体色彩进行了科学的分析和分类。她在1000多种颜色中选取了144种具有代表性的颜色，分为春、夏、秋、冬四个色系，再根据每个人的肤色、发色、瞳孔颜色等自然生理色的特征进行色彩诊断，以此寻找最适合自己的色系以及服饰、化妆等整体色彩的搭配关系。随后的1979年，杰克逊女士创办了色彩我美丽（Color Me Beautiful）公司，从此一个新兴行业诞生了，那就是色彩形象顾问咨询。1983年，英国的玛丽·斯毕兰女士将原来的色彩四季理论与色彩冷暖、明度、纯度的属性结合，拓展为12个色彩季型。

1984年，色彩四季理论被日本的佐藤泰子女士引入日本，经其潜心研究、归纳、提炼，正式形成了适合日本人服饰特点的实用色彩体系。1998年，侨居日本色彩我美丽的色彩顾问于西蔓女士又将色彩四季理论带到中国，创建了中国色彩咨询业。

此外，国际流行趋势预测机构对流行色趋势的定期发布和流行色世界性的广泛传播，无不验证了色彩在服装领域乃至整个时尚领域中正在演绎着重要的角色。

一、色彩的基本知识

1. 色彩的类别

据日本色彩专家测定，人裸视能够识别的色彩大约有数万种，而通过科学仪器可以辨认的色彩则达到上亿种。要使如此丰富绚丽的色彩秩序井然，就必须建立科学而系统的色彩分类方法及规范尺度。目前，国际通用的色彩分类方法主要是依据有彩色系与无彩色系两大色序列的内在共性逻辑划分而成。

有彩色系是指光源色、反射光或透射光能够在视觉中显示出某一种单色光特征的色彩序列。可见光谱中的红、橙、黄、绿、蓝、靛、紫七种基本色及它们之间不同分量的混合色都属于有彩色系。这些色彩往往给人以相对的、易变的、具象的感受，同时也是任何造型设计中的主体色彩。无彩色系是指光源色、反射光或透射光未能够在视觉中显示出某一种单色光特征的色彩序列。如黑色、白色及两者按照不

同比例混合所得到的深浅各异的灰色系列等，它们呈现出的是一种绝对的、坚固的、抽象的色彩效果。

值得一提的是，除上述两者外，近年来国外的色彩学者主张把富于典型金属色彩倾向的金、银等色归于有彩色系和无彩色系以外的独立色系之中予以研究和应用。这种划分方法目前尚处于没有定论的纯学术探讨阶段，有待专家的进一步论证，所以此处不加赘述。

2. 色彩三属性

在有彩色系中，任何一种色彩都应拥有三个基本属性，即色相、明度和纯度。通俗地说，一种色彩只要具备上述三属性，都可类归为有彩色系的范畴。无彩色系与有彩色系颜色的区别表现在它只有明度属性，而缺少色相和纯度属性。

（1）色相。指色彩的相貌，是有彩色系颜色的首要特征。从物理学角度而言，色相差异是由光波的波长所决定。在可见光谱中，红、橙、黄、绿、蓝、靛、紫中的每一种颜色的色相都有着自己限定的波长与频率，它们由短至长依次排列，有条理而又和谐。大自然偶尔也将这种光谱的奥秘显露给我们，即为雨后天晴时的彩虹。于是，彩虹亦构成了色彩体系中的基本色相及其秩序关系。正是由于色彩富有这样各具魅力和神韵的相貌

特征，我们才能真切地感受到一个五彩缤纷的世界给人们带来的生理与心理方面的诸多体会。

17世纪以来，人们将置于直线排列的可见光谱两端的颜色——红色与紫色首尾相连，使色相序列显现出循环的圆的形式，并称之为色相环。最常见的色相环是伊顿色相环。色相环的作用在于表达多种色彩的组合关系及其应用规律，从而寻找到最理想的色彩转换方式，使色彩和谐配置，实现科学化与直观化。

另外，原色、间色和复色也是学习色相时需要掌握的概念：① 原色指红、黄、蓝，通过它们能调出其他颜色，这是其他颜色做不到的；② 间色指由任意两个原色混合而成的色彩，主要指橙、绿、紫；③ 复色主要指由互补色混合而成的颜色；④ 补色指一个原色与另外两个原色混合成的间色，在色相环上两者处于对立的位置。

（2）明度。指色彩的明暗或深浅程度，亦称光度。它是一切色彩现象的共同属性。任何色彩都可以还原为明度性质来理解，并以此作为色彩构成的层次与空间依托。于是，有的色彩学者把明度称为"色彩的骨骼"。在无彩色系中，白色的明度最高，黑色的明度最低，两者之间为深浅各异的灰色；而在有彩色系中，黄色最亮，紫色最暗。

（3）纯度。指色彩的饱和程度，又称彩度。在色相

环中，任意一个颜色加白、加黑、加灰都会不同程度地减弱该色相的艳丽程度，并对明度有所规范。除添加无彩色系中的黑、白、灰色来改变颜色的饱和度外，在具体的艺术实践中，纯度的变化更多地是通过补色相混的形式来实现的。

3. 色彩的混合

在现实生活中，视觉感知的大部分颜色都是多种色彩的混合物。色彩混合主要是指应用两种或两种以上颜色互相混合生成新色彩的方法。因为混合的形式不同，又分为减色混合、加色混合和中性混合三种。

色彩的混合形式在形象设计中尤为重要，例如，舞台上的化妆造型就是典型的妆色与光色的混合案例，面部最终的化妆效果完全取决于灯光的颜色对化妆色彩的影响和制约，化妆师只有熟谙这两种不同色彩混合形式的规律，才能达到预期的设计意图。

（1）减色混合。色素混合造成明度降低的减光现象称为减色混合。色料在混合后，其明度、纯度均随之降低，而且色相也常常会呈现新的面貌。参加混合的色料越多，吸光量越明显，其反射光就越弱化，直至显示出近乎灰黑的混浊色彩。

（2）加色混合。色光的混合形式称为加色混合。当两种以上的色光混合在一起时，明度提升。混合色的总明度相当于参加混合各色明度之和，故称为加色混合。

（3）中性混合。基于人眼的生理机能限制而产生的视错色彩的混合形式，称为中性混合。这类混色的明度状态因呈现出既不增加也不减少，而是接近于混合各种色彩明度的平均值的效果，因此得名。

4. 色彩的视错现象

视觉上的色彩感知错误是人们在感应外部世界时经常体验到的一种知觉状态，具体表现在眼睛感受的色彩效果（心理上的真实）与客观存在的色彩实体（物理上的真实）之间存在着一定的差距。究其生理根源，是人的眼睛和大脑皮层对外界刺激物的判断遭到阻碍而导致的一种特殊视觉现象。在色彩搭配中，学会怎样巧妙地驾驭视错，"将错就错"地创作出既可以预见又能诱导出符合视觉美感规律的作品，是我们研讨这种视觉现象的中心课题。常见的色彩视错现象，有膨缩性视错及同时对比视错两类。

（1）膨缩性视错。指人眼在关注两块面积相等的色彩对象时，对其大小感觉截然不同而形成的色彩视觉错误现象。例如，红与蓝并置时，红色显大而蓝色显小等。在视觉感受中，那些较鲜艳、较亮丽的颜色具有膨胀、前进的性质，而较灰暗、较黯淡的颜色则具有收缩、后退的意味。

（2）同时对比视错 。指由于眼睛同时接受到迥然有别的色彩刺激，使色觉遭遇到干扰而造成错误感受的特殊色彩视觉状态。其基本规律是：在同时对比时，毗邻色彩会改变或失掉原来的某些物质属性，并戏剧性地向相反的方向做异化的转换，特别是在色彩交接处的表现尤为突出，从而使彼此连接的色彩由于相互的影响与作用而展示出富于跳跃之感的新视觉效果。一般来说，色彩对比关系越强烈，其异化性的视错效果越显著。例如，当明度各异的色彩参与同时对比时，明亮的颜色会显得更加明亮，而黯淡的颜色则会更加黯淡。当色相各异的色彩进行同时对比时，邻接的各色会偏向于将自己的补色残像推向对方，如红色与黄色搭配，眼睛会时而把红色感觉为带紫味的颜色，时而又把黄色视为带绿味的颜色。当互补色作为同时对比的因素时，由于受对比作用的影响，双方均展示出鲜艳饱满的色彩魅力，如红色与绿色组合在一起，红色更红、绿色更绿。当纯度各异的色彩参加同时对比时，饱和度高的颜色会更加艳丽夺目，而饱和度低的颜色则会相对黯然失色等。

5. 色彩的表情

表情，原指人的面部因情绪变化而产生的喜怒哀乐状态。借喻到色彩上，即指色彩包括的丰富含义。人们对色彩赋予的或褒扬、或贬低、或中性的意义，都是将自己的思想、情感转移到色彩对象身上的结果。为此，在不同的文化背景下，人们针对同一种色彩对象会生发出各异的心理感悟，这也折射出人类精神世界的博大精深。

（1）红色表情。红色是光与色料的三原色之一。在高饱和情形下，它能够向人们传递出热烈、喜庆、吉祥、兴奋、生命、革命、庄重、激情、庸俗、性感、敬畏、残酷、危险等心理信息。

红色一旦在表现过程中向其他色相、明度、纯度方面转调，其自身的寓意也就截然不同。例如，在歌德看来，当红色染上蓝色成为紫红色时，就带上一种令人难堪的面容；康定斯基认为，红色中稍加黄色而合成的橙红色，富于力量、精神、决心、快乐的胜利感情；而伊顿则认为橙红色象征着世俗肉体之爱、紫红色意味着宗教信仰之爱等。

正红色加白色淡化成粉红色时，就类似于贝壳的内壁以及莫奈绘画中常用的那种洋溢着宁静、柔美的红色效果。这类颜色常给人以女性味十足的心理触发，如浪漫、妩媚、婉约、温存、甜蜜、娴静、愉快、梦幻、娇柔、健康等。当正红色掺黑色暗化为深红色时，包括土红、深红、绛红、赭石、咖啡、熟褐各色，它们都是不同明度的深红色的释义者，显现出诸多意象丛生的色彩内涵，如高贵、温暖、端庄、安详、宽容、沉稳、忠厚、诚实、苦涩、烦恼、悲伤、枯萎等。如果正红色加灰色柔化成含灰红色，会呈现出棕色或是茶色等色彩倾向，传达出柔软、含蓄、温和、安详、成熟、忧郁、徘徊等思想寓意，适用于各个季节的服装及所有服饰品的用色，是一类颇具品位的颜色。

（2）橙色表情。橙色是红与黄两种原色的间色。当它处于饱和状态时，是属于一种积蓄了无穷能量的颜色，多与光明、华丽、富裕、丰硕、成熟、甜蜜、快乐、温暖、辉煌、丰富、富贵、冲动、没落、邪恶等千差万别的思想寓意联系在一起，并在不同文化背景的作用下给人们各尽其趣的心灵启迪。康定斯基曾毫不掩饰地把橙色称誉为"最能使眼睛得到温暖和快乐情感的颜色"，歌德在他的《色彩论》中则把橙色盛赞为"对情感具有无比影响力的色彩"。

当橙色添加白色淡化为浅橙色时，会呈现出象牙色、奶油色等效果，这类颜色常富有细腻、温和、香甜、祥和、精致、温暖等令人舒心惬意的色彩情调；当橙色加黑色呈现深橙色时，会给人缄默、沉着、安定、拘谨、腐朽、悲伤等不尽相同的心灵体会；当橙色混灰柔化成含灰橙色时，则尽现出像烤烟那样的棕色表象，具有优雅、含蓄、自然、质朴、亲切、柔和等色彩格调，也是有品位的成年男女在穿衣打扮时最乐于选择的一种漂亮的中间颜色。不过，如果这种颜色被掺入过量的灰色，也会流露出灰心、消沉、失意、衰败、没落、昏庸、迷惑等消极意味的表情状态。

（3）黄色表情。黄色是色料三原色之一，它拥有非常宽广的象征领域。当黄色置于最鲜艳的色彩强度时，它向人们揭示出光明、纯真、活泼、轻松、智慧、幼稚、权势、高贵、嫉妒、藐视、诱惑等错综复杂的思想旨趣。

由于黄色纯度高、明度亮，所以对它的一点变动都会极大地削弱它独享的纯净、孤傲、高贵的原色品质，并且使之面目皆非。例如，当黄色中掺入绿色或蓝色而呈现出绿味黄色时，会表现出类似于万物复苏时节绿色植物的那种新鲜颜色。在传统用色中，这种颜色是较少被采纳的，不过因其含有一种不妥协的意味以及带有几分幽默感而脱颖为20世纪末期的色彩新贵。当黄色中加入补色紫或无

量。这种由绿色与蓝色合成的中间色，在我国传统色相名词中又被统称为青色，绿色与蓝色搭配比例不同又有碧绿、青绿等称谓，常令人联想到年轻、纯洁、永恒、权力、端庄、珍贵、深远、酸涩等语义迥然的词汇。绿色加白色淡化成浅绿色时，会表露出宁静、清淡、凉爽、舒畅、飘逸、轻盈的切身感受。绿色加黑色暗化为深绿色时，是那种充满着苍翠茂盛感觉的大森林的颜色，如苍绿、深绿、橄榄绿、黛绿、墨绿等，能触发出富饶、兴旺、幽深、古朴、沉默、隐蔽、安全、忧愁、刻苦、自私等精神意念。绿色混灰色柔化为含灰绿色时，诸如银松、石板等色，富有古典、优雅、朴素、精巧、迷惑、庸俗、

彩色系的黑、灰而生成新色序时，如土黄、苍黄、焦黄等色，就会丧失黄色特有的光明磊落的品格，表露出卑鄙、妒忌、怀疑、背叛、失信及缺少理智的阴暗心迹，同时也容易令人联想到腐烂或发霉的物品。当黄色加白色淡化为浅黄色时，如鹅黄、米黄等，会给人文静、轻快、安详、洁净、脆嫩、幼稚、虚伪等印象。

（4）绿色表情。绿色是光的原色以及色料中红色的补色。在通常意义上看，纯正的绿色多蕴涵着和平、生命、青春、希望、轻松、舒适、安逸、富饶、公正、平凡、平庸、妒忌等含义。

绿色彩转调范围颇为广泛，当正绿色倾向蓝色并呈现出蓝绿色时，宛如晶莹的宝石显示出神秘诱人的色彩力

腐朽等思想含义。这类颜色不论用于诠释传统还是现代题材，都可传达出一种超凡脱俗的时代品质和学术气息，这也是古今中外的人们对之刮目相看的原因。一般独具艺术气质的人常对这种颜色一往情深，因为它能塑造出优雅、成熟、富有教养等外表形象。

（5）蓝色表情。蓝色是光和色料的原色。一般情况下，高饱和度的蓝色蕴涵着理智、深邃、博大、永恒、真理、信仰、尊严、朴素、权威、保守、冷酷、空寂等莫衷一是的象征意义。

天性爱蓝的立体派巨匠、西班牙艺术家毕加索说过："世界上最美的东西就是各种蓝色中的纯蓝色。"不过，通过转调而获取到的其他蓝色也同样有着不尽相同的心理

表达意义。例如，蓝色兑白色淡化成浅蓝色时，会使人联想到晴空万里时的天空颜色或冰天雪地的颜色，它积蕴着轻盈、清澈、洁净、透明、纯正、卫生、清爽、缥缈等精神倾向感；蓝色掺黑色暗化为深蓝色时，是神秘莫测的宇宙与深海的颜色，所以其常常向人们暗示出诸如朴素、稳重、深远、智慧、老练、严谨、孤独、静谧、不朽的话语意境，以普蓝、靛蓝、藏青等为代表；蓝色混灰色而柔化为含灰蓝色时，则流露出细腻、内向、质朴、愚拙、沮丧、无知的心灵诉求。

（6）紫色表情。紫色是蓝色与红色的间色。通常，饱和度极高的紫色承载着人类从中体验或领悟到的诸如高

加回避，香港人常以紫色做丧葬用品和服装颜色等；紫色加灰色柔化为含灰紫色时，则表示着雅致、含蓄、忏悔、无为、腐朽、病态、消极、堕落等精神状态，紫色原有的高贵感也随其纯度的削弱被大打折扣，甚至光彩殆尽。

除上述有彩色系的六色外，富于典型表现含义的颜色还应包括无彩色系的黑、白、灰三色，它们的表情旨趣也是各富魅力与神韵。

（1）白色表情。白色是复合光的色彩。其固有的一尘不染的品貌特性，使人们常能从中得到纯洁、神圣、清白、朴素、光明、洁净、坦率、正直、无私、空虚、缥缈、臣服等思想启迪。

贵、端详、庄重、虔诚、梦幻、冷艳、色情、神秘、压抑、傲慢、哀悼等思想意识。

紫色同其他颜色混合成新颜色时，所表现出的色彩内涵各尽意趣。例如，紫色接近红色而呈红紫色时，形成的是大胆、开放、娇艳、温暖、甜美等心理定势，所以在西方这种颜色包含着珍贵、严厉、恐惧、凶残等精神意念；紫色掺白色淡化成浅紫色时，特别是呈丁香花色时，是少女花季时节的代表色，显示出优美、浪漫、梦幻、妩媚、羞涩、清秀、含蓄等心理意象；紫色混黑色暗化为深紫色时，是典型的茄子及葡萄等的颜色，在这类色彩中渗透着珍贵、成熟、神秘、深刻、忧郁、悲哀、自私、痛苦等抽象寓意，世界上很多民族将它看做消极、不祥的颜色而大

当在白色中适宜地掺加微量的其他鲜艳颜色时，不仅可以仍然保持白净透亮的质感，而且更可以由此产生一系列被淡化了的富于柔和、轻盈、浪漫、新鲜、朦胧、诗意等超然意蕴的粉色系列，如浅黄色、浅绿色、浅红色等。在日常生活中，粉色系中的诸色常诱导人们将其与同样富于婉约气质的女性联系在一起，但就事实而言，粉色并非仅为女性所独享，许多男性也对粉色怀有好感，甚至偏爱，如浅蓝、米黄等色向来都是男性津津乐道的消费用色。在设计领域，当我们对左右现代人色彩审美取向的流行色彩试做一个概括性分析时，便可洞悉到粉色所占比重相当大，并且变化万千。这就像有的色彩专家论断的一样：粉色年年有、面貌年年新。追根究本，粉色的魅力之

所以能够经久不衰，一是其不像纯色那样神采飞扬，二是不似白色那样空洞贫乏。不过，不管粉色如何变化，它是白色的延伸之色则是颠扑不破的真理。

（2）黑色表情。黑色是无光时的颜色。总体来说，阴暗、收敛的黑色与明亮、扩张的白色相比，多呈现出力量、严肃、永恒、毅力、谦逊、刚正、充实、忠义、神秘、高贵、意志、保守、哀悼、黑暗、罪恶、恐惧等莫衷一是的语境意味。

黑色在与其他色彩组合，特别是和纯度较高的色彩并置时，能够把这些颜色烘托与强调得既辉煌艳丽又协调统一，并且从中获取自身的表现价值。然而，如果把铁灰、栗棕、褐色、海军蓝等色彩配合在一起，就会显得混浊含糊、缺少美感。黑色与任何一种鲜艳色彩混合时，都会使对方外露出稳重沉着的表情特性，但同时也是破坏色彩原动力和穿透力并使之消沉郁悒的"罪魁祸首"。

（3）灰色表情。作为一种典型的中性颜色，正灰色不啻是人类精神世界中一个独具异彩的符号载体，并在时间的积聚中被古今中外的人们赋予了多姿多彩的社会意识，如谦逊、沉稳、含蓄、优雅、平凡、中庸、暧昧、消极、灰心等。

正灰色尽管拥有众多褒贬各异的色彩含义，但其模棱两可的视觉体识还是决定了灰色在色彩搭配中鲜有被独立使用的境遇，更多地依赖邻接的颜色而发掘和外溢出自身的生命活力及色彩底蕴。如灰色与同为无彩色系的白色搭配时，能展露出一种气质不凡的稳重、优雅之感；灰色与黑、白两种颜色组合时，给人以永不过时的时髦印象；灰色与同样含蓄且明度靠近的有彩色系颜色相配置时，则会显现出苍白乏力之态。改善的措施就是要注意拉大与之配合的色彩的明度和彩度的差距。灰色在与其他饱和度高的色彩调混时，会凭着自身所具有的平稳老练的性格优势迅速地控制、融化和驯服面貌张扬的纯色力量，并使它们呈现出含蓄柔润、丰富细腻的色彩意象。

6. 色彩的联想

视觉器官在接受外部色彩刺激的同时，还会唤起大脑有关的色彩记忆痕迹，并自发地将眼前的色彩与过去的视觉经验联系到一起，经过分析、比较、想象、归纳和判断等活动，形成新的身心体验或新的思想观念，这一创造性的思维过程，即为色彩联想，表现为以下三种形式。

（1）色彩具象联想。指由观看到的色彩直接想象到客观存在的某一与之近似物象颜色的色彩心理联想形式。例如，看到红色便想到红旗、苹果等。具象联想色彩搭配可分为多种表现形式，常见的有季节式色彩联想构成、时辰式色彩联想构成、金属式色彩联想构成等。其中，盛行西方的四季服装配色系统，就从属此类联想。

（2）色彩抽象联想。指由观看到的色彩直接想象到某种富于哲理性或抽象性逻辑概念的色彩心理联想形式。比如注视黄色时，会联想到光明、智慧、傲慢、颓废等；凝视紫色时，会联想到高贵、吉祥、神圣、邪恶等。正如现代派大师赵无极所言"艺术不是再现可见的事物，而是变不可见为可见"的精妙写照。抽象联想色彩搭配包括：情感式色彩构成，如热爱、冷淡、仇恨、痴情等形式；精神式色彩联想构成，如神圣、智慧、正义、悲壮等形式。另外还有情绪式联想色彩构成等。

（3）色彩共感联想。指由色彩视觉引导出其他领域感觉的色彩心理联想形式。比如看到红色会想起嗅觉感知的血腥味道，这种色彩联想形式也被称为色彩统觉联想。色彩共感联想除了与色、嗅可以发生对接联想关系外，还包括各尽其趣的色听联想、色味联想及色触联想。

二、色彩在形象设计中的应用

人与万事万物一样拥有着自己的颜色，甚至有的色彩学者会提及"人体是有色的"、"人体还是一个天然的配色系统"的看法。的确，不同的人种、不同的地域以及每个个体的肤色、发色、眼睛的颜色都或多或少地有所差异。人的皮肤和头发的颜色、眼白和瞳孔的颜色、面颊和嘴唇的颜色、嘴唇和牙齿的颜色，尽管这些颜色的变化范围并不大，但是当这些颜色彼此组合、与服装色彩和配饰色彩搭配时，所产生的效果却截然不同。

更加稳定，正是这种稳定性的特征使得肤色成为研究人体色的相貌以及进行着装色彩搭配的主要依据。

从生理学的角度探析，人类的肤色主要是由皮肤下的基底层中的红色素、黄色素和黑色素共同决定。每个人的皮肤所释放出的上述三种色素数量因受遗传基因的影响而导致比例不同，这样就形成了不尽相同的肤色。例如，当一个人皮肤中的黑色素比其他两种色素释放量比例占优时，其所呈现的肤色必然是偏黑的颜色，这也是非洲人肤色黝黑的原因，而欧洲人皮肤之所以呈白色就是因为其皮肤释放黑色素较少。基

1. 肤色类型的定位

在人体色中，头发的颜色可以通过染和漂；唇色和眉毛颜色可以通过描画和纹染；瞳孔的颜色可以通过佩戴有色隐形眼镜来改变原有的色彩。但是，在人体色中所占比例最大的皮肤的颜色则相对

于此理，人类学专家把人类分为黑、白、黄、棕四种人种。就东方人而言，尽管被统称为黄种人，其实，我们的皮肤色质也是千差万别、各具特色。细究起来，在整体倾向黄色调的前提下，东方人的肤色大致可统并为偏白、偏黄、偏棕、偏黑四大类。

通过肤色的成因我们知道，肤色是由遗传基因决定的，如同我们的生日、血型一样，是与生俱来的，不可选择，是最稳定的色彩。即使我们的皮肤夏天被晒黑、年老长了色斑，也不会被改变多少。一般情况下，寻找肤色类型的基本方法是：在自然光和不带妆的情况下，我们可通过色彩的三属性综合分析我们皮肤的天然色彩。不过，在此需要注明的一点是，任何肤色类型的确立，都是建立在寻找大的肤色感觉而有意忽略小的肤色的基础之上，因此可以说肤色类型的最终确认是定位者主观取舍的结果。总之，寻找到自己的肤色类型，无疑为我们选择最佳服饰和化妆的色彩创造了契机。

2. 确立与肤色相匹配的色彩系统

肤色类型确定后，我们就可以寻找与之相匹配的色彩系统，而这一色彩系统应该是能够最大限度地展示、烘托我们的肤色特点与魅力的色彩，而非那些令我们感到不恰当甚或尴尬的色彩。因此说，我们在选择与应用色彩时，不能一味地凭个人的直觉、兴趣自行其是，应该尽可能地在色彩专家的指导下去客观地认识与驾驭色彩，使自己彰显出与众不同的色彩素养，同时使自己更加出"色"、出"彩"。总之，如果肤色与服色、妆色组合完美，其效果就犹如一曲美妙的和声，令人玩味无穷。

关于怎样的肤色应该选择怎样的服饰、化妆色彩的题旨，在国内外已经被研究了数十年，因此相当成熟，并建立了诸多学说和流派，如欧美的春夏秋冬说、我国台湾地区的光线说、日本的性格说等。客观地说，任何配色系统的流行势必都有自己存在的理由及价值，同时也不可避免地存在着某些尚待完善之处。以春夏秋冬说为例，它是当今世界上流行最广泛的服装配色系统，对现代形象设计的色彩应用影响深远，在中国也颇具市场，其优点在于课题做得极其深入，体系相当完善，适合的肤色类型也颇为多样，缺憾之处在于如果简单地应用于以黄色为主调的东方人身上，就显得不切实际，给人生搬硬套的印象，如冷暖肤色之分就有牵强附会之嫌。

（1）自身色彩倾向的认识。我们知道，世界上人类的肤色大致分为白色、黄色、棕色以及黑色四种，而实际上又绝不止于此，如欧洲的白种人与印度人的肤色相差极大，但他们却全属于白种人；非洲南部、北部、东部、西部以及中部的黑种人肤色也相差很大。可以说，世界上几乎每个人的肤色、发色都不相同。因此，在进行肤色与服装及化妆的色彩组合时，必须先认清肤色的色彩倾向。

中国人是黄种人，其肤色、发色和眼色均与白种人不同。黄种人的肤色整体来讲是以橙黄色为中心的色相（但不要理解成橙子皮的颜色），但由于遗传基因的不同、生活环境或生活条件的不同，以及工作环境或工作条件的不同，导致了肤色、发色的不同。从总体上看，我们的肤色大致可分为四种：偏白、偏黄、偏棕、偏黑。发色有乌黑、蓝黑、炭棕、黄褐等颜色；眼色往往和肤色有关，当然也不绝对，细看有棕黑、炭棕、棕色、茶色、褐色和焦茶等颜色。

（2）肤色和服色、妆色的搭配。人与人之间，在肤色、发色和眼色上都有不同程度的差别，如果能注意到自己的肤色、发色和眼色，并且记住，在挑选衣服或穿衣时以此为前提，那么基本上可以得到较好的着装效果。如肤色白皙而微红的人，穿一件水青色的上衣，虽不算太合适，但仍让人感到优雅动人。如果换一件湖蓝色的上衣，其效果就会远远超过水青色上衣带给人的印象，原因是水青色虽属冷色，但浅而亮，和白皙而微红的肤色在明度上太接近，不能更好地衬托肤色，而湖蓝色是冷而鲜的颜色，比水青色要深，明度比这种肤色要低得多。这样，较深而冷的湖蓝色与白而泛红的肤色形成对比，就会显得健康、精神、楚楚动人。如果有一头乌黑的亮发和一张黑里透红的脸蛋，又特别喜欢穿颜色鲜亮的花衣服，那一定会很漂亮；如果皮肤黑里透黄或黑里透青，切记不要穿黄色衣服，因为这种颜色的衣服和肤色太靠近，既不能很好地衬托肤色，又不能使人看起来精神焕发。皮肤白而缺少血色的人，如果穿一件极浅的上衣，效果不会太理想，因为脸色与服色都浅而亮且两者靠近，结果会"喧宾夺主"，肤色被大面积的浅色衣服所冲淡。这种肤色即使穿太深太暗的衣服也不理想，因为，深色衣服会把脸部衬托得过于惨白，呈现出一种病态的不良感觉。

客观地说，每一个人都会与生俱来地对某种色彩偏爱，都可能自觉不自觉地选择偏爱的颜色，不过，凡被一个人偏爱的颜色，这个颜色通常和他自身的肤色相和谐。如果每个人都能从自己偏爱的颜色中充分发挥，向邻近的颜色延伸，那就会形成一个完整的、和自身颜色相协调的色彩系列，利用这一系列色彩来搭配自己的服装，再顾及自己的性格、体型，最后必然会取得理想的穿着效果。实际上，这就是最适合你的色彩风格，也是你个人着装的色彩风格。

中国人的肤色接近于自然的颜色，虽然呈现在脸上的颜色人人都有差异，但并不是平时所说的"气色"差异。对着镜子观察一下自己的脸色，看看自己的皮肤颜色到底偏向哪种类型。如果脸色是微黄且红润，穿各种蓝色的衣服时，脸色都会向黄红方向加重，会显得更健康一些。我国几十年来一直以蓝色、黑色的服装为主，

曾一度被贬喻为"蓝色的海洋"。其实，除了过去我国染化工业落后、人民平均生活水平低下以及我国广大农村以自给自足的农村经济为主等因素外，蓝色、黑色衣服确实和中国人的肤色很协调，对此，应该从一个国家、一个民族的较深层的文化因素来考虑。

我们在生活里往往会发现，尤其是穿各种绿色调衣服时，脸色都会显得更红润些、更美一些，而穿红色、橘红色、紫红色等衣服时，脸色反而会往浅黄色靠近，这种感觉的产生就是色彩学中色相对比调和规律的具体体现。这就和红花绿叶相配一样，红色的显得更红，绿色的显得更绿，结果花也鲜亮，叶也油绿，而且作为主题的花，越发显得突出。如果红花配红叶，或红花配橘红色叶子、紫红色叶子，结果肯定是红花既不娇艳、突出，叶子也不滋润、漂亮。大自然确实是我们最好的老师。

总之，在形象设计的配色过程中，我们要因人而异，因为即使是同一类型的人在肤色、气质上也会有细微差别。因此，只有多实践并在实践中不断地思考，才能对不同的人的配色做到准确到位。

第三节　形象设计中的肌理要素

　　肌理又称质感，由于物体的材料不同，表面的排列、组织、构造也各不相同，因而会产生不同的粗糙感、光滑感、软硬感。肌理是形象的表面特征，人们对于肌理的感受一般是以触觉为基础的，也可以称作触感肌理。但由于人们已经有了触觉物体的长期体验，因此不必触摸，便会在视觉上感受到质地的不同，我们称它为视感肌理。肌理的美感，是物体结构和组合的各种形式、特征、性质的综合表现，通常反映在四个方面：纹理、光泽、质地和质感。在形象设计中，不同肌理物品的运用都能达到不同的效果，同一物品由于肌理的不同，效果也截然不同。

一、肌理的状态与特征

1. 干与湿

　　自然界中绝大多数材料以干性状态作为反映其本来面目的基础，当这些材料处于潮湿状态时，通常会表现出色感加深、纹理清晰、手感滑爽、反光加强等特点。反之，一些潮湿的材料若处于干燥状态，通常以上这些特性会有不同程度的削弱与淡化。

2. 粗与细

　　一般情况下，质地粗糙的材料给人朴实、自然、亲切、踏实的感觉，质地细腻的材料给人高贵、冷酷、华丽、活泼的感觉。同样，肌理粗细不同的材料，由于材料质地不同给人的感觉也不尽相同，如亚麻和丝绸，一粗一细，前者触感坚硬，质地粗糙；后者触感柔软，质地细腻。

3. 软与硬

　　一般纤维织物、皮毛等软性物质常给人柔软、飘逸、富有人情味的感觉。石材、金属、玻璃等硬性物质则给人坚固、厚重、挺拔、有生气、有力度的感觉。例如，软质的绳与硬质的木和宝石、柔软的丝巾与坚硬的玻璃都会形成一种由于材质的对比而产生的特有美感。

4. 有纹理与无纹理

　　树皮、果皮和各种大理石等具有天然纹理，纤维织物、编结制品

等具有人工纹理，金属、玻璃、塑料等质地细腻的材料一般无明显纹理。有纹理的材料可以具体生动地表现不同材质的性格与特征；无纹理的材料则需要通过形体塑造、色泽处理等来表现材质的品格，其表现力度一般不及有纹理材料那么强。

5. 有光泽与无光泽

许多经过加工的材料具有很强的光泽，如抛光金属、玻璃等。表面有光泽的材料常反射周围的景物，其自身的属性一般较难反映全面，这种材料多使用于表现生动活泼的风格；表面无光泽的材料，如棉、麻纺织品以及象牙饰品等，多以反映自身材料特征为主，质朴、端庄，适宜表现沉静、典雅的风格。在形象设计中，我们可以根据不同的情况将一种或多种光泽感程度不同的材料同时运用于同一形象表现中，但必须注意统一元素，不能使整体形象杂乱无章。例如，可以将金属质感的项链和肩带与毛、布等材料的服装搭配，使整体形象呈现出一种粗犷、高贵、性感的风格，统一中又有丰富的变化。

6. 有规律与无规律

一般人工材料的结构组织、表面纹理会呈现某种明显的规律性，如金属、纺织品的纹理等；而大多数天然材料的质地和表面的纹理常表现出自由、洒脱、无规律，如皮毛、天然宝石等。

7. 透明、半透明和不透明

透明、半透明的材料给人轻盈、开敞、明快、含蓄的感受，如玻璃、透明塑料等；不透明材料会给人封闭、厚重、实在的感觉，如塑料、木制品等。

二、肌理在形象设计中的审美表现

人类视觉对装饰美的要求是审美过程中的一个基本要求。装饰美的内涵也就是具有意味的形式美，而画面肌理正是具备了较强的肌理形式美感。如皮肤表面的自然纹理、各种面料的衣服所特有的质感、各种化妆品材料或粉质或荧光的光泽以及各种服饰配件的肌理美感，它们都满足了人们具有"愉悦性"的形象感受。

著名的绘画大师毕加索曾指出："一切事物在我们看来都是形象形成的……一个人物、一件东西和一个圆弧都是形象。这些形象对我们或多或少地产生影响，有些形象与我们的感觉很接近，触及我们敏感的感官而产生感情；另一些形象则更与理智密切相通……肌理的表象也正是一种形象。"这种点线面、浑浊与清楚、凸出与凹进、光滑与粗糙等组织纹理，经过人们的感官会唤起人们的记忆与联想。如垂直的肌理可以给人静穆崇高的感觉、倾斜的肌理可以产生冲击与运动的联想、破碎的肌理使人想到残破与杂乱、整齐的肌理能表现秩序与条理……另外，型肌理有方向感，粒状肌理让人感觉沉静与自若，曲线肌理象征着优美、流动与不安，水平的肌理又可表现稳定与宽广，不同的肌理都引起人们感情深处的共鸣。

三、肌理在形象设计中的运用

近现代美术发展史表明，自印象主义以来，众多现代造型大流派除了在观念上喜爱标新立异外，在表现形式的肌理效果探索上也是匠心独具、成绩斐然，极大地开拓了造型艺术的表达空间。形象设计中的肌理从形态面貌上讲有着自身的审美价值，从结构表现形式上讲也有着独立的表现规律，如秩序感、节奏感、韵律感、对比与和谐、变化与统一等。

首先，对比变化是指把不同大小、形状的肌理单元放在同一空间内，进行不同方向、不同粗细、不同疏密虚实的有组织的安排。肌理形象要有区别、有变化、有对比，这样才会有生气，才能充分体现出肌理美的特性。比如一片颗粒状的肌理平均罗列是较为呆板的，若将它们密疏搭配、深浅搭配，进行有规律的变化，则会表现出有节奏的变化美。再如，冷质的皮革与热烈的红色的反差，可以形成最具冲击力的惊艳效果。

此外，用和谐统一的肌理去创造特定的土调，帮助表达主题是肌理表现的最终目的。如果过于和谐统一，虽然具备秩序感，却又会显得呆板平淡、单调乏味；如果过于对比变化，则又会显得零乱、破碎和烦琐。因此，和谐统一与对比变化是对立的两个面，两者之间应掌握一个合适的度量关系，这样画面即不会因变化而散乱无序，也不会因和谐统一而平淡无奇。理想的肌理效果应该是和谐或者说对比变化达到统一。

3 Part ▶

第三章　形象设计的审美原则

人类艺术史表明，艺术的本质是追求美与创造美，而形式美是一切艺术最重要的外在表现形式。美学家康德指出："在所有美的艺术中，最本质的东西无疑是形式。"在当今流行的各种有关"形式"一词的表述中，大家较为倾向现代美学家克莱夫·贝尔在《艺术论》中论及的"形式"的概念。他认为，就造型艺术而言，"形式"主要指造型的基本构成要素——形与色的有秩序的组合关系与方式。由于有秩序的形与色的组合关系和方式常常能够使人产生强烈的审美体验，因此，在造型领域里，人们也习惯将上述特征的形色组合关系称为"美的形式"或"形式美"。

简单地说，形象设计的审美原则就是将形象设计对象的内容与目的除外，涉及关于美的形式的基本标准和形式法则，也是不同设计门类共同遵循的创造美的基本形式原理。如果说形象设计元素在视觉传达设计中的作用相当于语言中的词汇，那么，这些美的形式原理在视觉传达设计中的作用相当于语言中组词的规则，也就是形象设计元素组合的规则。早在古罗马时代的著名书籍《古希腊罗马哲学》中就曾记载着这样的千古名言："美在和谐，而和谐源自对比与调和。"

纵观而论，人们在长期的艺术实践中创造和总结了众多能够激发人们产生视觉美感的形色组合关系的形式美法则。在具体应用中，行之有效的形式法则主要包括和谐法则、平衡法则、节律法则、数理法则四大类别。

第一节　和谐法则

从美学史上看，最早提出和谐美学说的流派当属古希腊的达哥拉斯学派，其基本主张是："美在和谐，和谐源自对比统一。"随后，亚里士多德也发表了相近的理念，后经古罗马、中世纪、文艺复兴、启蒙时期，特别是在19世纪集西方古典美学思想大成者黑格尔的阐述下，更是得到了众多美学家和艺术家们的认同，从而成为举世公认的认识美、创造美的基本原则。

一、统一与变化的概念

1. 统一的概念

统一就是指画面各要素间的内在联系，具体表现为形态、色彩、材质等的相同或相近。其艺术特点是具有明显的秩序感与条理性，能够使人产生宁静和谐、井然有序的美感体悟。缺乏统一与调和，就会纷繁散乱、毫无次序。但过于统一，则会显得单调、呆板、机械、缺乏生气。

2. 变化的概念

变化就是指画面各要素间的本质区别，具体表现为形态、色彩、材质、空间、疏密、方向等的差异，对比是其构成的基本特征，能使人产生兴奋、新奇、丰富、活泼的感受。但过于变化，则会显得杂乱、刺激、生硬、缺乏组织。

3. 正确把握统一与变化的关系

在形象设计中，强调统一是非常重要的，否则会给人杂乱无章的感觉。一般来讲，只有各个独立的差异面在给定的搭配秩序中呈现出一种内在的趋同，并由此构筑统一和谐的整体时，才能给人以审美的快感。在形象设计中，要注意整体形象风格、色彩、造型、材质的合理运用，使设计构思形成一种有序的章法，达到和谐统一的目的。

同时，我们所说的统一是相对对比而言的。这种统一是在多种形式和形态的造型、色彩、材质的和谐对比中产生的。若是绝对的一致或统一，会使整个形象显得呆板、单调、毫无生气。但是，若是变化过度会使整个形象看上去杂乱无章。

二、统一与变化在形象设计中的运用

在面部形象的塑造中，无论是型（如眉型、唇型、眼型、五官的矫正、面部的矫正）还是色（如粉底色、眼影色、面颊色、唇色），只有达到统一才可产生协调之感。若在此基础上加以微妙变化，即在统一之中有变化，譬如在眼影处略施一点与整体色调形成对比的眼影色，又会产生更高境界的审美情趣。

在化妆与服装的整体协调中更应遵循此原理。"人有生成之面，面有相配之衣，衣有相称之色，皆一定而不可移者。"这句妙语佳句出自明末清初的一位文学家之笔，道出了化妆和服装两者间相辅相成的和谐关系。化妆和服装有着三种类似的构成形式，即色彩、造型、材质，两者的协调也就从这三方面展开。

1. 色彩

（1）妆色与服色的统一调和。这是一种在化妆色彩与服装及配饰色彩的色相上一致、但明度和纯度相异的同质调和。例如，偏暖的肤色配以古铜色的粉底色，发色及眼影色等面部主要用色部位的整体色调均为暖色调的金黄色，服饰色彩也趋于相同色调。但是，由于在明度和纯度上特意制造的差别，使得形象越发显得生动。

（2）妆色与服色的对比调和。这是一种以变化的美为主的异质调和，使用这种调和时应注意色调的形成，色调的形成才会使形象富有整体感。色调可以简单概括为色彩的总体倾向，例如，形象的整体色调为红色，而眼部却大胆地采用了其补色——绿色的眼影，这样不但活跃了面部的表情，而且还突出了眼睛的神采。在这种强烈的补色对比中，由于绿色的面积相对于红色较小，从而使整体得到了调和。

2. 造型

化妆与服装在造型上的统一既可以体现在形态要素的统一上，也可以体现在风格的统一上。

3. 材质

化妆品材质包括粉质、油质、水质；服装材质包括面料和辅料，面料又包括天然纤维（棉、毛、丝、麻）、

化学纤维（人造纤维，如黏胶；合成纤维，如涤、腈、氨、锦等）。轻而薄的面料给人以飘逸、舒缓、自由的感受，因此应选择颜色浅、质地薄的粉质化妆品搭配。相反，厚重的材质给人稳重、严谨、挺括的印象，所以，应选用色彩浓重的粉质化妆品或油质化妆品。

第二节　平衡法则

平衡是一切造型艺术在进行形色组合时理应遵循的视觉重力构成原则。造型艺术中的重力，绝非等同于我们熟知的物理学概念，而是视觉心理上力的表现形式，它对诸多形象要素的和谐起到了至关重要的协调作用。

一、对称与均衡的概念

对称与均衡是一切造型艺术在进行形色组合时应遵循的视重平衡的构成原则。它表明了被组织的视觉形象要素的重力分布在画面中达到的视重平衡的状态，而这种在造型艺术中的"重力"是视觉心理上的力的表现。

1. 对称的概念和形式

对称就是在审美对象中部引一条直线或定一个点，线或点的两侧不仅形状相同，而且距这条线或点的距离也相等。对称平衡一向以其理性与秩序的造型特性成为古今中外人们颇为喜爱的艺术构成形式。人类喜爱对称，其中很重要的理由之一，就是大自然进化的杰作——人类自身结构即成对称形状。对称的身体结构不仅能使人体保持平衡状态，而且对于视听和运动而言，也是必不可少的重要条件。如眼与耳的对称排列有助于立体视听，而双腿的对称组合则是为了方便行走等。美国一家时尚杂志曾报道，美女的脸蛋美，除五官比例协调之外，对称也是重要的标准之一。

在艺术表现方面，对称形式适用于表现明快统一的感觉，或井然有序、或明确坚实，甚至也可以表现出严肃神秘的风格。对称是在传统设计中被大量采用的表现方法，左右对称的设计虽然缺乏动感和立体感，但是具有安定、庄严、稳定、安静、平和的感觉，并且具有纯平面、简洁、井然静态的均齐美。

2. 均衡的概念和形式

均衡就是指在特定的空间范围内，使形式诸要素间的视觉力感保持平衡关系。保尔·兰德曾在《论设计思想》中提出了这样的见解：严格的对称给予观众过分简单和过分明显的表演，它几乎没有或根本没有给观众提供精神乐趣和启迪，从非对称的设计中产生的乐趣在于征服观众头脑里自觉或不自觉的抑制，从而让他们获得某种美的享受。均衡构成形式是以其活泼、自由的造型魅力而独具一格的。

均衡有三种形式：

（1）两侧不同体量的形态距离画面的支点远近不同。体量大的距支点近，体量小的距支点远，从而导致了视觉的平衡。

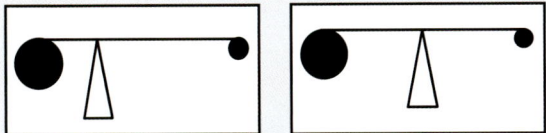

均衡的形式1

（2）两侧形态的性质有区别（如金属与木头、男与女、方与圆等）。但如果使其体量大体相等、黑白关系一致、类别属性相同、处于对称的位置，也可产生平衡感。

均衡的形式2

（3）两侧形态的精彩醒目程度处理不同。这样可以使不同体量却又处于支点两侧相同位置的部分产生平衡感。

对称与均衡是平衡的两种表现形式，都是为了在视觉上取得平衡，以达到和谐并产生美感。

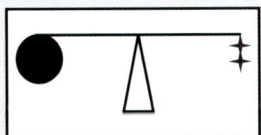

均衡的形式3

二、对称与均衡在形象设计中的运用

对称与均衡是形象设计中经常运用的形式原理。美国的一位化妆大师曾经研究发现，凡是完美的面容都是对称的，然而现实中绝对对称的面孔极少存在，这也是化妆所要弥补的。但是过于对称又会使人显得呆板，缺乏生

动性，因此，像玛丽莲·梦露、麦当娜、辛迪·克劳馥等面带一点黑痣的打破传统审美标准、建立现代审美概念的非平衡状态面孔便开始于20世纪后期风靡世界。服装中的礼服类多采用对称的形态来表现庄重的气度，被称作是我国"国服"的中山装也是完全对称的。它既借鉴了西洋服饰文化，又与中华民族的气质相融合，加上近代革命的推波助澜和领袖人物的大力提倡，终于使其独立于世界服饰之林。但这毕竟显得呆板、单调，为了克服拘谨、齐 的缺点，并创造生动活泼的气氛，人们往往通过分割线、口袋、装饰物、面料花色等方面的非对称形态与基本对称形态相结合，来增加变化和动感。如藏族男性的着装，常偏袒右臂，将右袖垂于腰右后侧，在不对称中求得相对的稳定感，创造一种新的平衡。

第三节　节律法则

一、节奏与韵律的概念

节奏与韵律是构成形式美的又一重要法则，它主要是通过引导观察者的视线沿画面进行有秩序地移动，而使视觉产生一种运动的愉悦感。

1. 节奏的概念和类型

节奏统指形色合乎规律的周期性运动变化。简言之，就是相同的形象要素反复出现于同一画面之中的构成法则。与节奏联系最为密切的艺术门类是音乐，节奏、旋律、和声被称为音乐的三大要素。其次是舞蹈，舞律、舞情、构图被称为舞蹈的三大要素。节奏是形象设计中经常使用的表现手法，能够产生很好的艺术效果，比如节奏感强的发式造型能产生规整、稳重、恬静之感，再比如服装中的装饰花边与褶裥的反复所产生的节奏，也可以形成独特的艺术情趣。

节奏的类型根据构成结构，可以分为以下六种：

（1）渐变的节奏。指同一因素由渐变而形成的节奏。

（2）等差的节奏。指同一因素由等差比例而形成的节奏。

（3）旋转的节奏。指同一因素由旋转而形成的节奏。

（4）起伏的节奏。指同一因素由起伏而形成的节奏。

（5）等比的节奏。指同一因素由等比比例而形成的节奏。

（6）自由的节奏。指由同一种自由曲线的反复而形成的节奏。

2. 韵律的概念

韵律是指对节奏的变奏性处理，比如对同一形象元素可做有规律的大小、长短、疏密、色彩、肌理等艺术加工，进而构成不同的画面效果。因此，对比与变化是韵律有别于节奏的标志。合理的韵律画面构成不仅更富运动的造型特质，而且更符合人们追求视感丰富的审美心理诉求。

二、节奏与韵律在形象设计中的运用

在形象设计中，节奏与韵律的设计是指运用某些造型设计要素进行有条理性的、有次序感的、有规律性的形式变化，从而使整体

设计形成一种如同音乐的节奏与旋律般的连续性形式美感。这种贯穿节奏与韵律的造型设计简洁却有着丰富无比的内涵，表现出变化统一的艺术规律，造型和谐、明快，从而激起人们的共鸣和美的感受。因此，在形象设计中，节奏与韵律的运用是一个重要的设计方法。其中，造型上的节奏与韵律的设计包括三个方面的内容。

1. 重复式节奏与韵律

重复式节奏与韵律，即造型的要素做有规律的间隔重复，体现重复的节奏、韵律美。在形象设计中，重复是常用的手段，同形同质的形态因素在不同的部位出现以及同样的色彩和花纹的重复等，都会形成呼应。这种呼应通常通过两种方法来表现：

（1）相同因素外在形式的雷同。比如皮带的材质与皮鞋的材质相同、帽子的色彩与裙子的色彩相同、提包的花纹与外套的花纹相同等，给人以统一的美感。但是这种方法因为外在形式的雷同，容易产生呆板的效果。所以运用这种手段时，要注意加大相同因素之间的面积差或体积差。

（2）相关因素内在情感、风格、气质的一致。比如穿旅游服配旅游鞋、穿晚礼服配高档首饰等，运用这种方法时要注意整体中各因素风格、气质的一致。如服饰的各种配件不仅自身之间要统一协调，还要与发型、化妆及个人自身的状况在风格、气质上一致。

2. 渐变式节奏与韵律

渐变式节奏与韵律，即造型设计呈现出具有数学计算的、渐次的、规律性变化的节奏、韵律形式美。渐变是一种很微妙的表现形式，无论怎样极化的对立要素，只要在它们之间采用渐变的手段加以过渡，两极的对立就会很容易地被转化为统一的关系。比如色彩的冷暖之间、形状的方圆之间、体积的大小之间等，都可以通过渐变的手法求得统一。在形象设计中，多色、单色眼影与唇膏的效果一般都要通过渐变这种手法来实现。此外，在发型、服饰的设计中也多有这种形式的运用。

3. 发射式节奏与韵律

发射式节奏与韵律，即设计围绕一个中心点展开，使造型设计具有丰富的光芒之感，有时甚至会产生一种炫目的视觉感受。其中，旋转式的发射形式，可以使简单的造型富有艺术语汇的表达；离心式的发射形式，可以使单调的结构充满现代感和华丽高贵的艺术气质。

第四节　数理法则

中世纪著名美学家圣·奥古斯丁认为："数字是一切美的基础。"这是因为在日常生活中，人类与数字的关系密不可分。例如，正常人的面部都是由一个鼻子、一张嘴、两只耳朵、一双眼睛构成的，而桃花是由六瓣组成的，等等。如果违反自然规律的话，那么这些事物就会让人感到奇怪和不适。正是因为数字与人的美、与自然的美息息相关，因此它对于一向"讲究规矩"的形象设计而言，就产生了深刻的影响。

一、数字与比例的概念

1. 数字的概念

在中国的传统文化概念中，数字历来都是与人们的日常生活、思想情感密不可分的，并且被赋予了多种含义。例如，四方、五行、八卦、九宫、十二生肖、三十六计、七十二变、一百单八将等，还有一团和气、四喜临门、五子登科、八仙过海、九龙戏珠、十全十美等。

人体本身，也同样呈现出诸多数字。例如，头发的生长规律一般是粗细为0.08毫米/根、细发小于0.06毫米/根、粗发在0.1毫米/根以上；酸碱度（pH值）为4.5~5.5；人体日常含水量为15%，洗澡后为30%；正常脱发为50～60根/日；头发正常生长长度为0.3～0.4毫米/日，生长期为3~5，然后进入休止期。

2. 与人体相关的数字与比例

比例源自于数学，比例关系取什么数值为美自古以来就是人们研究的话题。研究的角度、方法不同，得出的结论也不同。在形象设计中，与人体相关的数字与比例，大致有三种情况：

（1）黄金分割比例法。早在公元6世纪，古希腊哲学家毕达哥拉斯为了推敲节奏，把一条直线分成长短两段进行比较，最后得出满意的结论：短:长=长:全长，即1:1.618的黄金比例。古希腊美学的主要奠基人之一柏拉图把这一比例称为黄金分割，他认为黄金分割蕴藏着创世的秘密，甚至把它奉为"永恒的美的比例"。例如，我们熟知的古希腊著名断臂维纳斯的身体之美，就是准确地应用了黄金分割法的结果，即从头部到肚脐、从肚脐到脚底，其比例关系恰好与黄金分割相一致。

（2）基准比例法。基准比例法，即以人体某部分为基准，求出其与身长的比例关系，这是形象设计中较常使用的方法。其中常以头高为基准，求其与身长的比例指数，称为"头高身长指数"，简称"头身"。一般认为最美的头高身长指数为8，即"8头身"。但8头身是成人的平均指数，不同人种指数不同，如中国人为7头半身，西方人为8头身。另外，年龄不同指数也不同，分别为4、5、6、7等。时装绘画中的人体常取8头半身，美国FIT学院将其夸张为9头半身，日本东京文化时装学院将其定为8～10头之间，法国巴黎ESMOD时装设计学院则将其定在11头以上。

（3）百分比法。百分比法多用于自然科学研究中。比如男性头高占全身长的14%，女性为12.5%；男性上肢比女性上肢长2.2%，男性下肢比女性下肢长2.4%；男性肩宽比女性肩宽长2.5%；男性躯干部比女性躯干部短2%，男性臀宽比女性臀宽窄1.6%。

3. 比例的表现形式

不过，艺术毕竟不是科学，因此它所运用的比例决然不会像数学比例那样确定而机械，艺术创作中认同的比例常可随创作主题、审美心理等需要而围绕着一定数理关系上下波动，从而极大地丰富了美的比例的表现形式。鉴于这一点，我们可以在确切的比例关系与形象要素间的主次关系上寻找到一个契合点。这种主次关系常表现在：

（1）在整体的统一中加入部分的变化。是指在统一的前提下求得变化、在整体的秩序上求得多样的统一。以服装设计为例，在款式、色彩、面料这三要素中，应以表现其中一个要素为主，而让其他要素处于陪衬地位。化妆也如此，化妆中所遵循的标准"三庭五眼"即是化妆参照的标准比例。歌手王菲的形象备受大家的喜爱和推崇，她的造型师曾说，在她的面部造型上只有一个重点，而这一重点是在不破坏整体效果的前提下寻求的那一点变化。在服装色彩搭配中，双色搭配应将两者比例控制在接近黄金比例上，三色搭配应该注意主色调的形成，在主色调的统一下做些小变化。

（2）把每个有变化的部分组合起来，寻求共同的要素，构成某种新的秩序，达到新的统一。比如我国明代妇女穿的水田衣，它就是使用不同的花纹、不同形状的布头拼接起来，做成一件长外套，形成一个新的秩序。

二、比例在形象设计中的运用

比例的主要规律之一，就是观察者的眼睛总是自动地将分割块面相互比较。人们在通过视觉感知对象时，往往将各分割面与其实际尺寸进行比较。因此，着装的目标之一就是要"蒙骗"人们的眼睛，让眼睛按设计显现的而不是真正人体的样子去感知。我们在进行形象设计时，应该通过对比例和贴合部位的精心考虑创造出美好的、时尚的形象。

例如，在服装设计中，横向分割是很常见的，不论是横向分割线或是上下装的长短搭配，其中比例关系是非常重要的，就如一个长方形中水平线的位置不同会使人产生长度不同的感觉。高腰裙的腰线紧贴胸下，穿了会使人显得较高，强调的是胸部；自然腰线的裙子长短适度；低腰裙的腰线把整个裙子分成近似相等的两半，最容易使人显矮，强调的是腹部。这三种比例在很多服装上都有体现。

另外，上下装的颜色搭配不同，也会产生不同的效果。将同一个长方形复制三份，分别施以三种不同的色彩组合：单灰色、上白下黑、上黑下白。从中我们可以看出，单灰色的长方形显得最长，上白下黑次之，上黑下白最短。这是因为单色使整体不受分割而显长；上白下黑为上轻下重的稳定结构，使目光下沉，因而可有较长的视觉效果；而黑色在上则给人一种上部压制下部的感觉。如下图所示。

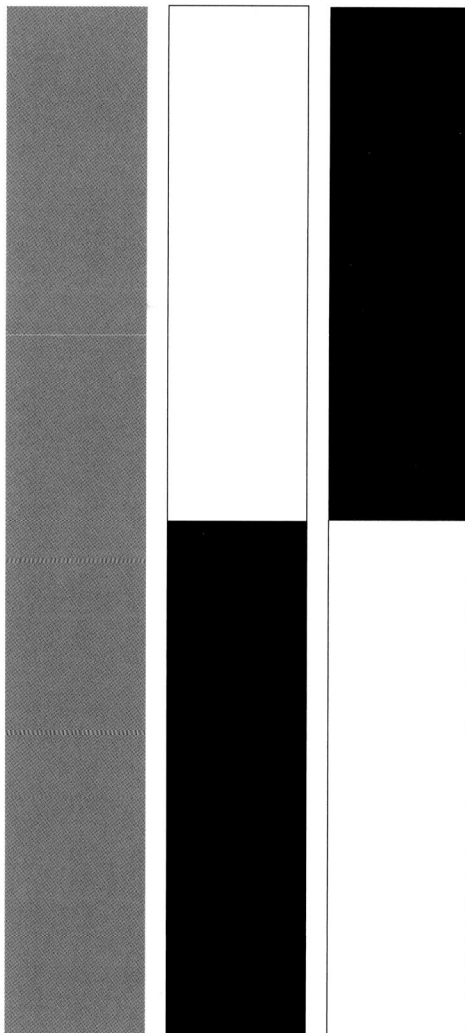

4 Part >

第四章　形象设计的造型语言

　　语言，是人们交流的基本方式，是传达人们精神世界的必备工具。形象设计中的化妆造型、服饰搭配、体态礼仪等各个造型要素间的整体协调，就是形象设计所传达的对客观对象的个性特征、生活状态、审美格调、情趣品位、身份地位、经济状况等描述的造型语言。

第一节　形象设计中的化妆造型

　　服装这一历史悠久、内涵丰富的实用美术实际上包含衣着鞋帽的穿戴和修饰打扮两大部分，而修饰打扮的历史比人类穿衣的历史更早。中国人大约在距今二三万年之前，就采用赤铁矿研磨的粉末进行文身，并利用牙、骨、石、贝、玉等材料制作配饰。到了七八千年前的新石器母系氏族繁荣时期，文面之风更为盛行，关于发型的修饰则已经创造了发箍、发笄等定型工具，至于首饰之精美、数量之众多，更是令人惊讶。随着麻、丝、毛、野生纤维的使用，人们不但已经用纺织品制作衣服，而且还发明了织花、刺绣、纹绘等技艺来美化服装。可以说，人类的美术史就是从美化人类自身、美化生活开始的。

一、化妆的概念

在明确化妆的概念之前，首先了解一下美容这个通俗易懂的词汇。

美容一词源自希腊文，含有美丽和创造美丽之蕴意。随着历史的延续、社会的发展、风俗的演变、科技的进步以及生活形态的变化，美容一词又被赋予了更为丰富的内涵，即使用美容用品和用具所进行的人体装饰，比如利用现代医学手段所进行的整容手术以及理发护发、发式造型等。

化妆，从狭义的角度上来讲就是指使用化妆用品和用具进行面部的修饰和装扮，包括面部皮肤、五官等的修饰和装扮。在《现代汉语词典》中是指用脂粉等使容貌美丽。此外，在《现代汉语词典》中，还有"化装"一词，是指演员为了适合所扮演的角色的形象而修饰容貌或改变装束和容貌。从广义上讲，除了面部的化妆外，头发、指甲、身体的修饰都叫做化妆。文身、抽脂、隆胸、面部磨骨或注射塑型剂等整容手术也是广义的化妆内容。

化妆即是修饰，因此，先修后饰便是化妆的一般规律。修眉是为了画出更好的眉型；修指甲是为了手看起来更好看；修体是为了使身材更加完美……"修"不是目的，修完后要"饰"，即要装饰、要画，画眉毛、画面颊、画眼睛、画嘴唇、画指甲等。

事实上，在研究过人类的起源、服装的起源和探究过文字的由来、美的本质之后，人们很少会去讨论化妆的起源。当早期的人类将树叶、兽皮披裹在身上的同时是否就开始了人类的化妆呢？

二、化妆的历史演变及民间风俗

1. 东西方美容史话

自原始社会人类产生以后，那些繁杂多样的有色物品便与人类结下了不解之缘。早在第四纪冰川期的后期，在亚洲、非洲、欧洲居住的堪称现代人祖先的尼安德特人便开始以红褐色和黑色纹画修饰人的遗体，以期盼生命有再生之时。这样的殡葬习俗至今仍能在亚洲、南美洲等地的许多种族中见到。比如在新几内亚的某个种族中，人们用红褐色纹画于遗体上，并将许多陪葬品和生前所用的装饰品同时埋葬；在澳大利亚的土著人，也要用黑色和白色给死者涂绘身体，就连送葬的人也要将黑色和白色的黏土涂绘于身体。原始时代的这种着色于死者的习俗可谓一种盛大的纪念，但对于生者来说——原始人自身来说，文身现象又是极其普遍的，此举往往是出于部落间的标志、参加仪式的证明、赴战时的鼓舞以及喜庆时的舞蹈等。例如，澳大利亚的某种族人常将白色黏土或红色、黄色矿土贮藏于袋鼠皮制的旅行袋中，平时他们只是在颊、肩或胸部画2~3道斑纹，而一旦到了庆贺的时候，则绘于全身。至今，在澳大利亚的土著民族举行的成人仪式上，年轻人经涂白色和红色后便来到成人中间，而参加仪式的成年土著人也在其黝黑的皮肤上涂绘各种黑白图案。原始人用于文身的颜料并不多，其中红、黄、白、黑四色最为常见。红色和黄色皆被视为生命的象征、寿命的见证；白色和黑色则被视为炫耀自己的肤色，使文身与肤色达到强烈对比的效果。

总之，人着色于自身的开始，也便是人装饰自身的开始。

到了古埃及时期（大约公元1500年之前），便有了关于美容方面的百科全书，书中对许多化妆品，如胭脂、香水、面粉、染发剂等的制作和使用都给予了说明。从这些文献记载中，我们可以从古埃及找到一些现代化妆品的雏形。香料是人体化妆品的支柱，然而，古埃及人最早使用的香料则是用于对神的供奉。在某些宗教仪式上，他们常把香料当做比鲜花、美酒还好的贵重祭品用在祭礼上，焚烧时这些香料会散发出阵阵香气。逐渐地，古埃及人也把能自然发出香气的香料用于人体的化妆中。他们注重清洁、健康和美容，往往在沐浴后把香水、香精、香脂涂于身上，以滋润皮肤、美化皮肤。由于散热、清洁及宗教的原因，古埃及的男女都有剃发的习俗，于是，假发在古埃及也盛行起来，妇女们戴着齐肩的假发，并将莲花插于其上，再喷洒香料，以显示自己的高贵和富有。

　　大约在公元前1700年左右，偏爱清洁和健康的古希伯来人将化妆品和香水带回南巴勒斯坦。由于香水极为珍贵，该境内的许多芳香草木被发现，并被拿来制造香料，这也促使香料和芳香类化妆品得到进一步的丰富和发展。

　　古希腊人对美容和健康的重视并不亚于古埃及人。古希腊妇女不仅大量使用香料，而且还接受了从古埃及传入的美容方法。比如古希腊妇女用白铅制成面部化妆用品，眼部涂锑粉，面颊和嘴唇涂朱砂。同时，她们还特别注意体态美，已经懂得利用运动和按摩来改善身体，并用发饰和包头巾来改变发型。

　　古罗马人继承了许多古希腊人的美容习俗。大约在公元前454年，罗马男子开始修面，白净无须的脸在当时蔚然成风；女人则用鲜牛乳、玉蜀黍、面粉、水仙花茎、蜂蜜与美酒制成敷用的面膜。此时，白垩和白铅的混合物也被用做化妆品，而蔬菜颜料则被用来涂抹面颊和嘴唇。同时，古罗马人还发明了漂白和染发试剂的配方。古罗马的公共浴室也很壮观，男女分开沐浴，之后涂抹大量香脂来滋养皮肤。这些香料都是由来自古埃及、阿拉伯等地的玫瑰、苦杏仁、水仙花、番红花等花草树木制作而成。冷霜配方也为古罗马人首创，其至今仍是冷霜制造的基础。古罗马人还写了许多关于化妆品配方的书籍，同时也写了许多弘扬洁身之美德、保养身体和头发的诗篇。

　　中世纪时期，宗教在人们的生活习俗中扮演了极为重要的角色。从这个时期的绣帷、缀锦、雕刻以及手工艺中，可以领略到他们的塔状头饰、复杂精细的发型以及护肤、护发所使用的化妆品。同时，美容化妆品在欧洲已初步形成体系。中古时期的人们并非每日洗澡，但经常使用香油，妇女喜欢在面颊及嘴唇上抹用色彩鲜艳的化妆品，而眼部不做任何化妆。此外，美容学和医学作为一门课程在英国的一些大学里被开设。直至16世纪末期，美容学和医学逐步形成各自的体系才得以被区分开。

　　14世纪以后，化妆品与医药发生了联系。从此，化妆品被公认为创造美的良方。15～16世纪，随着意大利佛罗伦萨城有钱有势的美弟奇家族中的女性出嫁到法国王室，美容化妆品便被传入法国宫廷，这些美容化妆品被当时的上流社会称为美弟奇万灵药。

　　到了18世纪，化妆品已经不再被贵族阶层所专有，开始进入百姓之家。

但随着科技的发展与进步，人们渐渐意识到他们天天使用的化妆品中，含有一些对人体有害的重金属，进而，他们要求政府协助查明其中的有害成分，并对化妆品的生产进行监督。于是，一时间美容化妆品的销售出现萧条，爱美者也因为不知何种化妆品为佳而束手无策。直到1779年，法国皇家医学会对美容剂和化妆品的成分进行分析，并将无毒害作用的美容化妆品贴上"纯植物性"标签，这才使美容化妆品再现了"柳暗花明"的局面。

19世纪，科学的发展使得美容化妆品的生产更加科学化。同时，在英格兰率先出现了肥皂、面霜等美容制品。

20世纪初，人们对化妆、美容和健美的兴趣不断增长，并开始出现了美容专家。此外，人们还开始懂得将煤焦油中的有机物广泛应用于化妆品、香料、染发剂和纺织品染色等，这样降低了化妆品的成本，使美容活动更为普遍。到了20世纪20年代，尤其是第一次世界大战后，人们追求时尚的爱美之心再次萌动，美容化妆的浪潮也再度被掀起，浪潮的中心也由西欧转移到美国。20世纪30年代初，美国好莱坞影星们的魅力直接影响着人们的审美标准，人们的审美焦点集中于眼部和嘴，并且更欣赏那种给人以强烈印象的骨骼结构和具有鲜明线条特征的形象，细弯的眉毛、性感的嘴唇、假睫毛、薄薄的香粉定妆成为20世纪30年代的流行时尚，这种时尚一直延续到20世纪60年代。

20世纪60年代，人们的目光转向自然的青春美，这种审美心理使美容方法又有所改变，女性们更注意能够反映自己青春活力的要点之———头发的梳理和发式的造型。此外，美国还出现了以化妆为主要服务项目的美容院，每周一次的美容院化妆成为众人平日津津乐道的话题。

20世纪70年代末至80年代初，外科整形手术被应用于美容领域，这使美容真正成为一种创造美的科学，并风行于世界许多发达国家。尽管这些整容术不能尽善尽美，甚至会出现难以弥补的缺陷。然而，出于各种原因，人们还是愿意接受它，并且越来越多的人意识到美容的重要性，美容院也渐渐由单项服务改为全套多项式服务。

进入20世纪80年代，美容新观念更多地被注入人们的大脑中，现代人对皮肤的科学保养方法以及化妆品的正确使用方法等有了更深刻的认识。随着人类社会文明程度的深化，美容业将会更加日新月异、蓬勃发展。

2. 中国历代化妆史话

提及化妆，人们便联想到涂脂、抹粉、描眉、画眼、勾唇等，这些化妆方式不仅被现代人所采纳，而且也是中国历代妇女装饰面容的手段之一。

涂脂抹粉，是古代女性常用的妆饰手段，不论是大家闺秀，还是市井村姑，她们都乐于用这种方式来修饰面容。据文献记载，早在战国时期，中国妇女已经用妆粉来装饰自己的颜面了。那时的妆粉有两种：一种是将米粒研碎后加入香料而成；另一种是糊状的面脂，俗称"胡粉"，因为它是化铅而成，也称"铅粉"。除米粉、铅粉外，女性的妆粉也有用其他物质制作的。在宋代，有以益母草、石膏粉制成的"仕女桃花粉"；在明代，有用紫茉莉花籽制成的"珍珠粉"；在清代，有以滑石及其他细软矿石研磨而成的"石粉"等。粉的颜色也从原来的白色增至多种，并且粉中也被掺入了各种名贵的香料，使之更具迷人的魅力。近半个世纪以来，随着考古事业的深入发展，大批妆粉实物相继出土。它们有的盛在精致的钵内，有的装在丝绸包裹中，尤其是从福建省福州宋墓发掘出来的一批实物更具特色，它们是一种粉块，每块直径3厘米左右，有圆形、方形、四边形、六角形等。在每个粉块的表面，还压印着凹凸的梅花、兰花及荷花图案，经光谱分析，这种粉块除含有铅、铝成分外，还含有钙、硅、镁、银等元素。

和妆粉配套的化妆品是胭脂。胭脂也作"焉支"、"燕支"讲，它是一种红色的颜料，也是女性妆面的主要用品，关于它的来历，在史书中也有记载。晋代崔豹的《古今注》中述："燕支，叶似蓟，花似蒲公，出西方，土人以染，名为燕支。中国人谓之红蓝，以染粉为面色，谓为燕支粉"。这里的"西方"，指的是中国古时西北的匈奴地区(今甘肃省祁连山区的焉支山下)。女性妆面的胭脂有两种：一种是以丝绵蘸红蓝(草本植物)花汁制成，名为"绵燕支"；另一种是加工成小而薄的花片，名叫"金花燕支"。两种燕支都必须经过阴干，使用时只要蘸少量清水，即可涂抹。约在南北朝时期，人们在燕支中又加入了牛髓、猪脂等成分，使其成为一种润滑的脂膏。因而燕支也被写作"胭脂"，"脂"字在这时才有真正的意义。汉代以后，女性抹红妆与日俱增，直至唐代，始终未被扬弃。到了清朝末年，由于女子教育的兴起，青年学生纷纷崇尚素服淡妆，这才改变了这种情况，盛行两千多年的红妆习俗终告衰落。从大量的文献记载和图片资料来看，古代女性化妆往往是脂、粉并用，涂抹的方法有三种：一种是在化妆前预先将胭脂与铅粉调合，使之变成檀红色——即粉红色，然后将其直接涂抹于面颊；另一种是先抹白粉，再涂胭脂，胭脂的位置往往集中在两腮，所以双颊多呈红色，而额头及下颌部分则露出白粉的本色，使整个脸面的色彩富于变化，此妆多用于青年；还有一种是先在面部涂抹一层胭脂，然后用白粉轻轻罩之，俗称"飞霞妆"，适合年纪偏大的妇女。除红妆外，古代女性也有做白妆的，所谓白妆，就是不施胭脂，单以铅粉敷面，此妆常见于年轻的寡妇。但在普通女性眼里，这样的妆式毕竟有伤大雅，且不吉利，所以并不流行。此外，在历代宫苑中，还流行过一些怪异的面部妆饰，如"啼妆"、"泪妆"、"半面妆"及"慵来妆"等。

眉毛，是人们表达情感、交流思想的关键部位。俗话说"眉目传情"，便是这个道理。当一个人感到喜悦和欢乐时，就会情不自禁地眉开眼笑、喜上眉梢；感到忧虑和愤怒时，又不免愁眉苦脸，蹙额皱眉。这说明眉毛虽小，却能将人的情感和思想表达得淋漓尽致。形容女性的妩媚姿态，也少不了讲到她们的眉毛，"眉似翠黛"、"眉蹙春山"之类，都是常见的描绘。正因为人们对女性眉目之美的崇尚，促使女性对眉毛修饰的重视，于是在女性中出现了画眉的风潮。

古代女性画眉的材料是一种名叫"石黛"的矿物，简称为"黛"。使用时须先放在石砚上磨碾，使之成为粉末，然后加水调和方可使用。隋唐以后，女性画眉多用螺黛，它是一种经加工成为各种固定形状的黛块。使用时只要蘸水即可，无需碾碎。因其形状与书写用的墨块相似，也称"石墨"或"书眉黛"。到了宋代，又有人发明了一种色泽质地细腻、使用方便的烟墨，遂取代了螺黛。

从文献资料看，眉画之风出现于战国时期，及至秦代已相当普及，而在两汉时期出现了画眉史上的第一个高潮。魏晋南北朝时，画眉之风更见炽热，这是女性画眉史上的第二个高潮。到了唐代，女性画眉已成时尚，尤其是盛唐以后，出现了流行过滥的现象，连一些未成年的女孩也模仿大人的样子，画起蛾眉来。继唐代之后，画眉之风依然在女性中广为流行。虽没有像汉唐那样风靡一时，却也盛行不衰。直到近代，画眉仍为广大女性所喜好。与过去不同的是，画眉排除了封建意识的影响，纯粹是女性出于对美的追求。

历代眉式名目繁多，除个别特殊的样式外，一般的变化主要集中在长短、粗细、曲直和浓淡等几方面。影响这

些变化的因素，是整个社会的审美情趣。先秦时期的画眉样式，虽然宽窄、曲直略有不同，但皆是一种长眉；西汉时期也以长眉为尚，后出现阔眉；魏晋时期的衣冠妆饰基本承袭了两汉之例，女性画眉也如此，仍以长眉为尚；直到隋代，这种纤细修长的眉式依然深受女性喜爱。唐代女性的眉式由于当时政治上的开放和思想上的活跃而出现了很多创新的式样。总体来看，唐代女性的画眉样式比较宽粗，且多画成柳叶状，时称"柳眉"或"柳叶眉"。"八字眉"流行于唐玄宗元和年间，到中唐时更为普及。

宋元时期的眉式虽不及唐代丰富，但仍有不少变化。据宋人《清异录》记载，当时有个名叫莹姐的妓女，发明了近百种眉式，百日之内日换一种，无一重复。当时眉式特点为宽阔的月形，在一端用笔晕染，由深及浅，逐渐向外散开直到消失，别有一番风韵。元代的眉式皆为"一"字形，不仅细长而且平齐。明清女性崇尚秀美，眉毛大多变得纤细而弯曲，长短、深浅等变化日益减少，从而也失去了原有的风姿。

3. 世界民间化妆习俗

装扮自己是人类的共同欲望，然而，无论人类要用哪种方式或手段美化自身，皆出自爱美之心。在这种心理的驱动下，世界各地、各民族人民的化妆方式在不同的自然环境和文化环境的背景下，呈现出千姿百态的风采与神韵，并给人以不同的审美感受。尤其是那些身体大部分或部分裸露的民族，他们都非常注重以各种不同的方式来进行面部及身体的装饰，以期将自己装扮得更漂亮。这些民族的装扮形式多种多样，有的甚至被现代人看来是荒诞不经、不可思议，但他们却将其视若民族的象征和美的标志而推崇备至。

文身、绘身、彩面及耳、鼻、唇饰等均为大多数裸体民族的人们装饰身体最普通的形式。据考证，这些形式最初源于人类为了识别族类或宗教意义而创造的简单符号，或者作为恐吓敌人的手段，以后则渐渐演变成为独具审美趣味的身体装饰。

文身几乎普及全世界，但主要在肤色较浅的种族之间盛行，如东南亚、北非、美洲等地。文身一般多采用针、骨片、贝片、鱼骨、鱼刺等物先将皮肤刺破，然后用墨汁、朱砂、灰等溶液渗透或涂抹到皮肤的皮下组织内而成，以达到永不退色的效果。瘢文属于文身中的一种，盛行于肤色较深的中非、澳大利亚等地的一些种族中，这种形式的文身给身体和皮肤均带来较大的摧残和破坏。如在太平洋许多民族的女性中盛行着文臀的古老习俗，它的产生与流传的古希腊神话故事有着密不可分的关系。据传说，古希腊时代曾举行过一次颇具影响的选美比赛，参赛的三位女神赫拉、雅典娜和阿芙罗狄忒各个姿貌绝伦，不分上下，但最终爱神——阿芙罗狄忒因臀部美而摘取桂冠。在此神话影响下，在一些太平洋岛屿的女性中形成了"女性最美的部位是臀部"、"臀部最具女性魅力"的审美观念。随之，以美化臀部为目的的各种化妆术应运而生。在诸多的美臀术中，又以波多尼亚的塔布堤妇女的刺痕文臀最富特色，也最为精美。其中最有趣的是每当姑娘文臀时，便会招来众多男性的围观，他们指手画脚、饶有兴趣。尽管文臀过程极其疼痛、苦不堪言，但为了爱美之

心，姑娘们也心甘情愿地去忍受。她们中那些文臀精美者，往往最容易博得小伙子的喜爱。生活在新西兰东北部的波利尼西亚人的祖先毛利人也非常钟爱文身，这是一种既具艺术性又具实用性的特殊身体装扮形式。毛利人刺痕文身较为独特，他们先用薄而尖的骨针刺破皮肤，趁其淌血时，将烟灰或彩水渗浸于伤口上，当伤口愈合后，皮肤就会自然显现所刺的青紫色花纹形象，且与肌肤融为一体，妙不可言。毛利人文身所使用的工具是一把带柄的小斧，这是用鸟骨制成的精致刀片，有锋利的刀刃或锯齿，木柄的直角缠绕着绳线。所刺文身图案及称谓也因地区不同而各有所别、妙趣横生。

瘢痕文身与刺痕文身相比更为"残酷"。如刚果的思贡贝人为了制作这种特殊的面部装饰，通常先用划刀在面颊上切割出数道伤口，而后在伤口内放置特别的药物，刺激伤口生长出许多卵状的肉瘤。技艺高超、精湛者，其肉瘤的制造能够按设计的意图创造出排列整齐、大小均匀的图案，让旁观者叹为观止。此外，非洲有些部族女性制作的瘢文更是"有过之，而无不及"。她们不仅在身体上制有精美的疤纹，而且她们还热衷于在疤痕上反复雕琢，使其更为俊俏，如此用意真是煞费苦心。女性们为了美所付出的代价是怎样的"惨重"也可想而知。

绘身彩面，也是世界上许多民族人们采用较为广泛的一种装饰身体的形式。通常，多数民族把它作为宗教场合或戏剧中进行身体装扮的一种形式，以表达某种特定的寓意。如北美的许多印第安部落的男性都非常注重其面部及身体的修饰，至今仍盛行绘身彩面。地处夏洛特皇后群岛的海达人素以采用红、黑、绿及青色与兽脂拌和后，在身体上描绘精美图案而著名。由于海达人以捕鱼为主，所以他们选用的图形或崇拜的图腾多为鱼类。他们常用凝重、古朴的红、黑两色在脸上画出某种生动活泼的鱼形，如鱼的头部直接画在额头，而尾端分开，伸于两颊，其余部分绘于眉鼻之间；也有的在左眉上画一条红色鲸鱼，在右眉上画一条黑色鲸鱼，对称的构图形式、巧妙的色彩变化反映了海达人对于艺术美的高度理解和完美表现。

绘身彩面亦是位于西南太平洋上的热带岛国巴布亚新几内亚人装扮身体的主要形式，至今古风依旧、独具魅力。他们通常采用木炭灰、花草叶或泥土和椰子油调制的涂料在脸、胸、腹部绘出各种生动活泼的美妙图案。按遗俗，年轻男性多涂抹象征生命、热情、勇敢的红色，而老年人则多涂抹寓意着持重、坚毅、深沉的黑色。每逢良辰吉日，人们还习惯在身体上披挂羽毛、贝壳，同时彩面。巴人彩面的绘制过程颇像中国京剧的脸谱绘制过程：先将整个面部涂红做底，再在红底上勾勒出优美、活泼的黑白曲线；也有的半边脸涂红、半边脸抹黑，红黑相间，妙趣横生。有些部族的巴布亚女性也偏爱绘身，她们从会阴部开始涂绘身体的各个部位，当浑身缀满颜色及花纹时，即标明了她已到出嫁的年龄，这时，小伙子可向姑娘求爱，若博得芳心可永结秦晋之好。

除上述对肌肤表层进行装饰的各种形式之外，世界上还有许多民族采用对自身某部位加以夸张、变形，使其畸形发展的处理方法来满足特殊的民族审美心理。如地处非洲中西部的喀麦隆国家的某部族，有一种采用新鲜水果装点面部的奇特风俗。为了保持水果的鲜嫩之感，人们常使用当地产的一种米酒果汁对其加工、浸泡，以确保水果长期不变色、不变质。果饰，通常依照性别、年龄而各有区别。男性多选用粗壮的香蕉等饰于前额，用以象征男性的阳刚之气；女性则多以甜莓、苹果等为主，以此表示女性的阴柔之美。按当地习俗，芳龄少女可将果饰赠与心上人食用，藉此表达忠贞不渝的爱情。而位于非洲东部的埃塞俄比亚的一个较大部落——莫西部落的奥莫人，则有一种穿唇的古老民俗。一般凡到穿唇年龄的妙龄女郎都须用刀

把嘴唇与下巴割开，并将嘴唇用力拉长、拉圆，而后用一木制盘状物放置其间作为支撑，直至伤口愈合。穿唇过程疼痛难忍，但为了本民族人们所追崇的美及小伙子的爱慕，姑娘们往往是心甘情愿的，有甚者还将下唇穿透，饰以金或铜链等。

　　面具，这是一种独特的面部装饰形式，不仅出现于戏剧舞台中，而且也常被世界上许多民族在祭祀、庆典等仪式中采用。位于非洲西部的马里各族，在面具的造型设计方面可谓独具匠心。主要造型分为动物和人形两类，色彩以黑、红、黄、白等色为主调，材料多以木头、植物纤维、泥土为主，少量也使用兽皮、象牙、金属等。由于各种族所崇拜的图腾不同，面具艺术也是形色各异、精彩无比。譬如班巴拉人信奉"契瓦拉"羚羊，其面具造型多是羚羊形象；而多贡人面具则以人物形象为主体。当人们在耀目的篝火前、炽烈的阳光下，踩着激烈的舞点、唱着雄劲的歌曲、穿着猩红的服装、戴着狰狞的面具尽情载歌载舞时，才能充分显示出浓烈、深沉的宗教力量，以及人与大自然的物我交融、天人合一的境界。而位于非洲西部布基纳法索的博博族是一个具有很高艺术造诣的民族，他们所创造的动物面具在博博久拉索地区占有特殊地位。其中，有些动物面具是作为神祇的化身而受到人们膜拜的。博博族的动物面具有垂直式和水平式两种构图，上面涂有红、白两色的几何纹样，譬如人字形、格形、三角形及圆形等。还有一些面具是鸟类、蝴蝶或水牛等动物的造型，所有被表现的动物形象皆充满着一种神秘色彩。

　　由此可见，美容化妆自古就有。而现代社会美容化妆已成为一种时尚，美容化妆品的广告铺天盖地，商店里化妆品柜台的瓶瓶罐罐琳琅满目。然而，化妆是有境界的，有位名人对此有精辟的见解。他认为化妆有三个档次：三流的化妆是脸上的化妆，二流的化妆是精神的化妆，一流的化妆是生命的化妆。其实，就是脸上的化妆也是有学问的。会化妆者，无论是浓妆重彩还是略施粉黛都会使人赏心悦目。苏东坡有诗曰："水光潋滟晴方好，山色空濛雨亦奇。欲把西湖比西子，淡妆浓抹总相宜"。这首诗把西湖比作美女西施，从诗中可见西施不仅天生丽质，而且也会化妆，浓淡相应，清新淡雅，真是锦上添花，因而其也因美貌流芳百世。

三、面部的化妆与审美

1. 头部的医用解剖以及五官的特征解读

头部的骨结构对头部外形起决定作用。头部的骨骼分为脑颅骨和面颅骨两部分。构成脑颅骨外形的骨块主要有额骨、顶骨、枕骨、颞骨、蝶骨等八块骨；构成面颅骨外形的骨块主要有鼻骨、颧骨、上颌骨、下颌骨等七块骨。头部的骨骼虽然不止这些，但直接构成外形的骨块只有上述各骨。位于头部的肌肉，多数是薄弱的表情肌。这类肌组织除对面部的表情起决定作用之外，另一部分则填充着头骨的某些空间，从而构成头部完整的形状。头部的肌结构按其所在部位可划分为：颅顶肌、眼轮匝肌、鼻肌、口周围肌四组。

在世界人种中，头颅大致可以分为两大类：长头颅型和圆头颅型。白色人种、黑色人种、棕色人种属于前者，黄色人种属于后者。长头颅型的人种，面部比较立体、鼓突；而圆头颅型的人种，面部使人感觉扁平、圆润。可见，无论何种头型都各有所长，只要恰当地设计便可发挥优势、弥补弱势。美国已故的艺术化妆创始人、好莱坞造型大师维尼特·奥曾说，任何人的面部投影都是椭圆形，所以说，椭圆形是面部形的标准。面部的千变万化赋予了人个性特质，依靠化妆中的阴影将面形趋于椭圆，使每个人的面形在趋于标准的同时又富有了个性。

2. 面部的标准比例

谈到面部标准比例关系，中国古代画界画人像时总结出的"三庭五眼"这一精辟概念，为化妆造型提供了依据和方法。面部的标准比例可以从以下几方面进行阐释。

（1）三庭。指将面部纵向分为三个部分，即上庭、中庭、下庭。上庭指从发际线至眉线，中庭指从眉线至鼻底线，下庭指从鼻底线至颏底线。如果上庭、中庭、下庭三者相等，那么面部纵向比例是最佳的。

（2）五眼。指以一只眼睛的长度为衡量单位，在面部横向分五份，五份相等则面部横向比例是最佳的。

（3)三点一线。指眉头、内眼角、鼻翼三点构成一条垂直线，眉的长度是指鼻翼至外眼角固定斜线的延伸处。我国古代有一句成语很准确地形容了面部的核心问题，叫做"眉目传情"。我们面部表情肌主要集中在眉眼部分，所谓表情的"表"字指的是生理运动，"情"指的是心理运动。化妆时，如果将眉眼部分稍作不正确的修饰，就会将某种表情凝固在面部，留有不恰当的形象感受。

（4)嘴的长度。当目光平视时，嘴角与瞳孔形成一条垂直线。可以想象大脸庞不适合小嘴型，相反亦是。要使面部比例协调，可用这条垂直线找出适合的嘴的长度。

（5）鼻梁倾斜度。指目光平视时，从头部侧面测量，由额头突出点到下巴突出点形成一条垂直线，鼻梁的高度与这条垂直线之间的夹角形成的角度。最理想的夹角角度为30°。

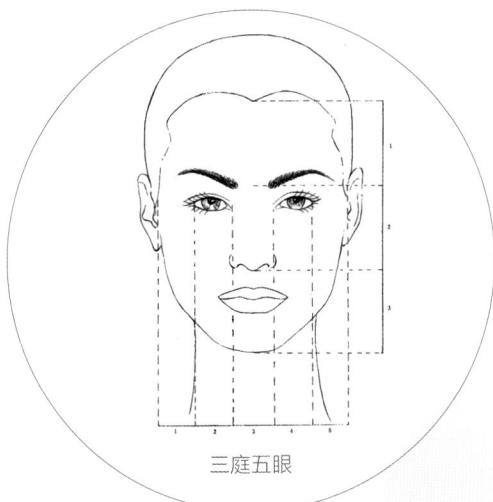

三庭五眼

眉的标准位置

面部的标准比例

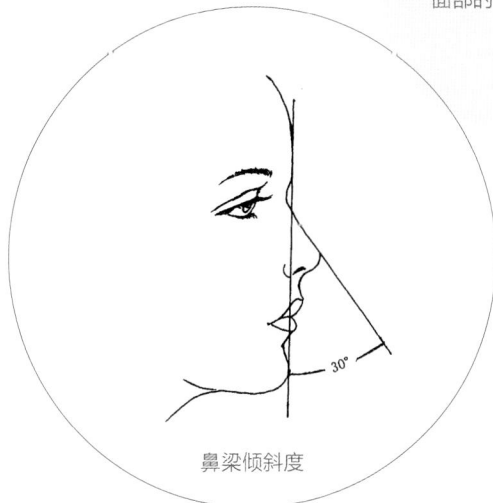

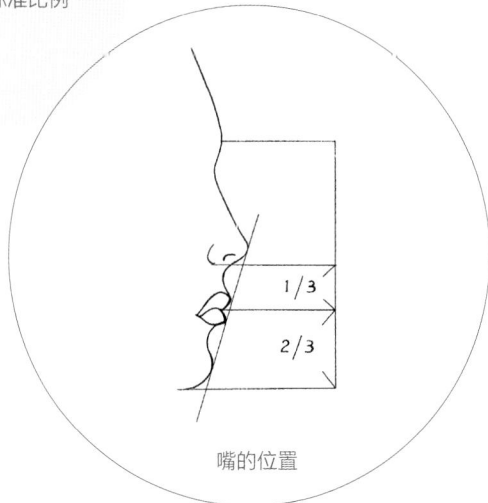

鼻梁倾斜度

嘴的位置

3. 面部化妆的基本程序和技法

在化妆方面，古代女性采用的方式可谓多姿多彩，她们以粉饰面、两颊涂胭抹红、修眉饰黛、点染朱唇，甚至用五色花子贴在额上……可以说，每一个朝代由于社会背景、政治经济制度、道德观念、风俗民情等不同，对美也有不同的定义。当然，历代化妆的特色绝对不像改朝换代那样明显，可以截然划清界限，有时某个妆型会一直沿用很久，历经好几个朝代，甚至到今天。纵观中国古代女性的化妆风采，我们在感慨惊叹之余也不难发现，其实从今天的许多化妆方法和风格中能隐约看到一些过去的影子，我们今天的化妆很大程度上受西方化妆的影响，但祖先留给我们的东西却总在不经意间透露出来。例如，从我们的皮肤来说，自古就有"一白遮三丑"的说法，白皙细腻的肌肤被认为是最美的。所

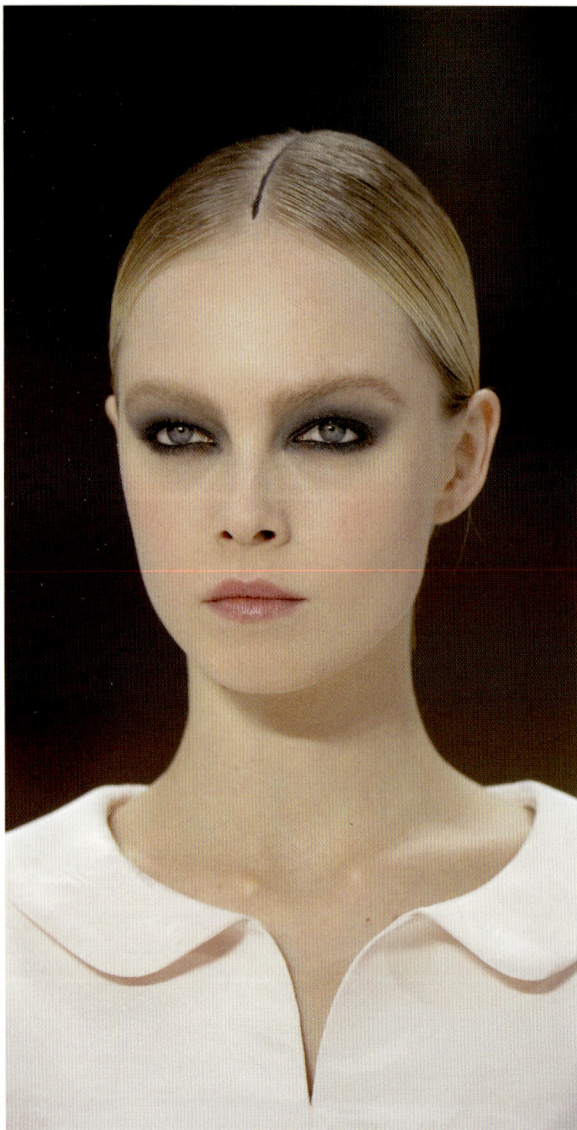

以，早期化妆的部位是脸，化妆品是粉，特点是白。再看今天的化妆，第一步就是打粉底，其目的就是调整面部的皮肤，使之看上去更均匀、更细致、更易于上妆。

诸如此类，化妆既延承了古代特点也不乏由于种种因素的影响而更加丰富、考究、时尚和国际化。事实上，化妆的程序并无标准可依，所谓的标准也是依照经验使实际操作更加简便易行而总结出来的程式化的先后顺序。

面部的化妆，就是利用光线的强弱、色彩的明暗、浓度的差异以及线条的走势，来改变脸部的结构特征，使之更有光彩。主要从皮肤、眼部和鼻唇这些方面来进行修饰。

（1）皮肤的化妆。健康润泽的肤色和皮肤质感是成功地完成面部化妆的重要基础，它主要是通过净面和涂抹粉底来完成。

净面的目的是去除堆积在皮肤表面的角质化细胞，使皮肤光洁、妆面匀净。通常将适量洗面奶或清洁霜涂于面部，用纸巾或棉巾由上至下擦净，再用清水洗净，或用带植物成分的去离子水做妆前清洗或滋润，用纸巾或棉巾由上至下擦干，然后将化妆水滴于手上或棉巾从下至上轻拍于面部，并均匀地涂抹乳液、隔离霜，以将化妆品与皮肤分隔开。

涂抹基础底色的目的是为了统一皮肤色调，使皮肤具有透明感和光洁感，它是化妆中强调整体感的重要部分。其方法为选择接近肤色的粉底面面俱到地涂于内轮廓中，厚薄视情况而定，以能够真实地表现皮肤的自然色彩和质感为宜。此外，高光色（也称逆阴影、匀明色）和阴影色（也称渲影色）的运用同样不能忽视。高光色可以起到使面部让人感觉开阔和鼓突的作用，如鼻梁、眉骨、颧骨等和如眼袋这样需掩饰的部位，色度按不同肤色基调比基础底色明亮二三度左右来确定；阴影色起收紧、后退和深陷的作用，常用在外轮廓、鼻翼、上眼睑沟部位，由外向内、由深至浅地均匀涂抹，并与基础底色自然地融合在一起。

（2）眼部的化妆。眼部是面部化妆至关重要的焦点，是给人印象的首要指标。眼部的化妆包括眉毛和眼睛的修饰。

眉毛的刻画是为了衬托眼睛并且配合面部其他部位

来改善面型。描画时应注意粗细、虚实的变化，受光面浅、背光面深，并按照眉毛的自然生长方向描画。眉笔的颜色应柔和、自然，不可夺走眼部的神采。眉笔应细，这样便于描画细致，表现出眉毛的空间感和透气感。眉毛的深浅应弱于眼部。

睫毛的恰当描画可以起到修正眼睛的轮廓和间距并加深睫毛的作用。但是，在刷睫毛膏时，应注意线条的虚实、粗细变化，最浓重的部位在瞳孔平视时的外侧，以真实地表现生理睫毛的天然浓密程度为宜。

涂抹眼影是眼部化妆比较难以掌握的一个内容。涂抹眼影的目的是为了表现眼部的结构，表现整体化妆风格的韵味。因此，颜色的选择、结构的刻画以及涂抹技巧尤为重要。颜色的选择既可根据个人喜好，也要顺应流行趋势，但是如果不能熟练地运用色彩搭配原理，则应减少眼影色的颜色种类为佳。法国著名化妆大师奥利维亚曾强调，即便化妆师酷爱颜色，也不要将几种不同颜色的眼影涂在那小小的面积上。结构的刻画能够弥补东方人眼部缺乏立体感的不足，通过运用眼影色彩深浅明暗的变化，巧妙地掩饰眼部的缺陷，使其趋于完美。

（3）鼻唇的化妆。鼻子的化妆主要通过打鼻侧影，以增加其立体感，因此要求色彩和谐、深浅适度、线条柔和。嘴唇是面容的魅力点，具有高度特性化的表情功能，追求清晰的轮廓、生动自然的唇型、丰富动人的表现力是唇部刻画的要点。

4. 面部化妆与整体形象塑造

每个人的脸都是与生俱来的，绝不可能是千篇一律的标准脸型，但在与人交往中一张精致完美的面孔却能给人留下深刻的印象，即使身着简单的衣饰也丝毫不会削弱其本身的魅力。相反，如果衣着华美，但面容憔悴丑陋，总会给人留下一种不协调感，令人对其身份产生怀疑。可见面部是一个人精神气质的散发点，面部化妆是整体形象设计中的重中之重。

人们使用合适的工具盒化妆品对脸型和五官进行描画，来修饰五官调整肤色，展现个人神采增加自信和魅力。我们大致将其分为圆形、长方形、三角形和菱形四种来说明其不同的化妆方法。当然，判别脸型，除了看一些基本轮廓特征外，还要依据个人的特质来判别应该属于哪种面容结构，具体变化要具体分析之后再定。

眼睛被称为心灵的窗口，大眼睛的人往往给人一种灵动感，小眼睛让人感觉精神干练。高鼻梁端正秀丽，鹰钩鼻霸气英俊，狮子鼻给人暴躁易怒感。因此，要根据脸型和五官的不同结构特征，及所呈现出来的感觉进行整体形象的塑造，以达到理想的效果。

5. 面部五官的特征解读

（1）面孔。面孔是有血有肉且棱角分明的一种标记，它确定了每个人的面部轮廓，其独一性既是我们安全的保障，同时又是对人类的重要约束。面孔被附在驾驶本上、护照本上、信用卡上以及身份证上，凡是任何要求提供自己身份证明的文件都附上了人的面孔。

一般情况下，男性的面孔相对女性的面孔而言，轮廓更加清晰，眉骨和下巴较为突出，额头略高且坡度不大，眼窝深陷且脸颊更长，总之整个脸部的立体感较强。另外，男性脸上毛囊较多，脸部皮肤更加粗糙，老人尤其如此。而女性的脸相对要小一些，通常只有男性面孔的五分之四大，而且女性的脸看上去更像孩童的。女性眼睛周围的组织对血液循环的变化非常敏感，因此眼睛周围容易

变黑，再加上睫毛膏的衬托作用，女性的眼睛就显得更加迷人，充满了魅力。女性的睫毛更长、更密，但眉毛则比男性的稀少，而且随着年龄的增长眉毛会越来越少，而男性刚好相反，他们的眉毛越长越密。此外，女性的鼻子较小、较宽，鼻梁较低，而男性的鼻子则较大，且鼻梁稍高。

人的面部似乎像是用柔软的雕塑材料做成，人们可以用自己的思想塑造出各种面部表情。换句话说，化妆是人们修饰美化自己的常用手法，但是，人们还可以用其他方法美化自己，那就是表情。

脸部的喜怒哀乐等表情的信号是人尽皆知的。生物学家达尔文将面部信息密码的核心归纳为六个显著特征，它们分别是欢乐、愤怒、恐惧、惊讶、恶心和悲伤。

世界上最容易辨别的表情就是发自内心的微笑，是快乐的表现。愤怒是一种难以理解的混合表情，整张脸似乎都在收缩，眉毛耷拉，嘴唇紧闭，借以表露出更强烈的敌意，盛怒之下，眼神会咄咄逼人，整张面孔似乎怒火升腾，一张愤怒的脸似乎就是一种警告。害怕是愤怒的补充形式，它表示出需要安慰的意愿，从而减少了冲突的可能。恐惧的特征正好与愤怒相反，它似乎能使脸面扩张，嘴唇水平地向后拉开，眼睛睁得大大的，眉毛抖动而彼此靠近。恐惧程度加深，嘴巴更会发干，不停地开合。惊讶与恐惧很相似，它通常出现于恐惧之前。惊讶是最为简短的表情，一闪即逝，还不到一秒钟的时间，眼睛迅速睁大，嘴巴同时张开，眉毛扬起变成弓形。恶心的表情集中表现在鼻子上，其他部位没什么特别的表现。当闻到一股不怎么受用的味道时，我们可能会皱起鼻子，鼻尖微微上翘，并使劲收缩。极为恶心时我们会通过嘴和喉咙的运动，如呕吐之前的动作来表达。悲伤时，脸就像松懈了似的，眉毛耷拉着，而眉头有一点点抬起，形成一个浅浅的三角形。

除了这六种信号而外，一些科学家又加上了鄙夷、痛苦和平静。鄙夷是更为复杂的表情，表示鄙夷的传统方法是撇撇嘴或冷笑，嘴唇抿紧，斜到一边。但另外一些人用傲慢的眼神来表达鄙夷。痛苦可能是基本的表情之一。我们都熟悉因痛苦而"扭曲"的脸，脸的中央部分似乎挤成一团，眉毛皱拢，通常会下降一点，鼻梁皱起，嘴巴张开，上嘴唇往上翻。在痛苦之中，眼皮可能完全合上，脸缩成一团，似乎在抵御看不见的伤害。一些科学家认为平静也是一种面部表情，是没有表情的表情。我们都知道一张平静的脸是什么样子，但那是一种奇怪的表情，因为我们无法看出这种表情所代表的心理状态。

这几种表情可说是脸的一张元素周期表，它们可以相互组合，如痛苦和内疚则是由悲伤派生出来的。表情的数量、种类远远不止我们已经提到的这些，比如欢声大笑、打呵欠以及脸红，它们都是很普遍的传达表情的动作。此外，还有很多其他的心理状态，如迷惑、厌倦、困乏和怀疑等。

（2）眼睛。事实上，眼睛远不止是视力的工具，而且没有什么能像眼睛那样善于传达思想，它们是面孔的心理表现中心，即普林尼所说的"心灵的窗户"。主观上说，我们都生活在自己的眼睛背后，眼睛是我们与外部世界之间的一道透明的纱幕。我们审视着外部世界，也宣泄着内心的情感，眼光与人交流，传达出内心的隐秘。所以说，眼睛是面部最具表现力的感官。

眼睛的眼球约有六分之一可以被看见，眼睛之所以富有神采，是因为它的三个组成部分，即眼白、虹膜以及瞳孔相互作用的结果。眼白是整个眼球包覆物即巩膜除眼珠之外的部分，呈透明状，覆盖在虹膜和瞳孔上。它明亮而闪烁，与洁白亮泽的牙齿相互呼应。实际上，眼球的转动传递着一连串的信息，正如我们所见，这种转动位于眼睛最具表现力的核心部位，但如果没有白色作为衬托，我们就无法看出眼睛所传递的信息。

虹膜位于眼白与瞳孔之间，是五彩的环状物，其色调并不单一，而是众多点状物、楔形物和辐条状物的组

合体。虹膜的颜色从瞳孔到外缘不断变化。虹膜其实是身体最美的一对肌肉组织，它们像照相机的镜头光圈一样调节和改变瞳孔的大小，以控制进入视网膜光线的多少。如果人进入漆黑的剧院，这些纤维组织就会像表演木偶戏时用的拉线一样使瞳孔开启，另外一些纤维像索套一样盘卷在瞳孔四周。返回到眩目的阳光底下，这些纤维就会收缩瞳孔。

最后提到的是眼睛的黑色心脏——瞳孔。人类的瞳孔还有一项额外的作用，它们极具表现力，这些像黑曜岩一样的扁平圆状物不仅在光线昏暗时会扩大，而且当我们受刺激而兴奋时，瞳孔也一样会扩大。瞳孔像一面镜子，全面反映出我们方方面面的思想情感和心理意识，如恐惧、惊讶、高兴、焦虑、噪声乃至音乐都能使其扩大，而产生厌倦及困乏情绪时瞳孔则会收缩。

眼皮是眼睛眨动的工具。人们困乏欲睡时，眼皮挡住了外部世界的干扰，但由于眼皮是人体最薄的皮肤，厚度仅为1毫米，且是半透明状，因此初升的太阳或是突如其来的亮光都能让我们醒来。眼睫毛使眼睛的眨动更加明显，并且对危险能够产生一种反射动作。眨眼就像呼吸，我们整天都无意识地重复这个动作，大约每分钟15次，15～45秒内不眨眼，干燥的小点就会逐渐散布在眼球表面，这些慢放的画面揭示了眼睛眨动的全过程。

人们通常用"一眨眼儿的工夫"来指"立刻、马上"，但从客观上说，这种比较是错误的。平常的一眨眼持续时间是三分之一秒，而眼皮在这一瞬间盖住瞳孔的时间是六分之一秒，这一阶段我们什么也看不见。由于大脑不保存平常一眨眼的瞬间所带来的意识或思维空白，这样就能将外部世界编织连缀成一幅流动的、不间断的画面。如此一来，一眨眼的工夫似乎真是毫不费时，感觉比"立刻、马上"要短得多。

（3）鼻子。鼻子长在脸上，这是一个显而易见、毋庸置疑的事实，然而关于鼻子，除了它位置显著、有点招摇之外，其余更多的是深奥难解。

鼻子是精神分析学中的一个悖论，古典的弗洛伊德学派认为它是雄性性器官的象征。实际上鼻子常同傲慢联系在一起。一个清高孤傲的人常"把鼻子抬上了天"或往往会"嗤之以鼻"，以示不屑一顾。把傲慢同鼻子

联系起来反映了一个生理上的事实：我们常会无意识地皱鼻子以示厌恶。然而，鼻子也能代表谦卑和羞耻，这时它完全处于被动的地位，被人任意使唤摆布，拧或拉一个人的鼻子完全没有对其主人表示尊敬之意。

鼻子是面部感官中最多变的一种，其形状各式各样：有短粗而上翻的，有鹰钩鼻子、直鼻子、罗马式的鼻子（鼻梁突出，略呈弧线）、古典的英国鼻子。鼻子也可能既扁又宽，鼻子也可能又长、又高、又窄，像刀刃一样。但无论怎样，鼻子是整个呼吸系统的最前端部分，且由于人类呈直立状，并且面部平坦，所以鼻子能够呼吸，能够闻到气味。

（4）嘴。人的面部最生动、最具情感的部分就是嘴。

嘴是食物、水、有时还包括空气进入人体的通道，所以说它是面部最早形成且最基本、最重要的器官。同时，嘴也是面部表情中最富于表现力、变化最多端的部分。眼睛尽管不停地眨动，但很轻微，只不过是极细腻微妙的抖动和颤动。而嘴一旦动起来，则能叹息、打呵欠、微笑、大笑，也可以大张着嘴、撇着嘴、紧抿着嘴，嘴唇还可以颤抖。我们说话时，嘴会时而变宽，时而大开，时而紧闭，时而紧皱，时而撇起，时而舒展。如果你愿意，你可以将嘴扭曲做出各式各样的怪相。

人类的嘴在好些方面与其他动物不同，但最为显著的特征是其比较狭窄。人类的嘴通常比两个瞳孔间的距离窄，这一点让很多初学肖像画的艺术家感到惊异。令人感到有趣的是，大嘴极少作为美的标志。人们都青睐于小嘴，特别是在维多利亚时代，一张小巧的嘴极娇美优雅。

（5）脸颊。脸颊从眼睛往下延伸至鼻唇皱折，是面部肉最多、最软的一部分，也是面部表现异常丰富的地方。它们可能会很单薄，甚至枯瘦而憔悴，但快乐时，会泛起红晕，欢笑时，满心的喜悦溢于其表，使其膨胀，难怪丰满圆润的脸颊总是招人喜爱。68%的人在害羞时主要着红在脸颊上，只有26%的人会着红了整张脸。脸颊总是揭露着人们内心的隐秘，表现着欲望、困惑、内疚和羞愧。

（6）前额。前额通常是才智的象征，这毫无疑问

是因为它后面的重要器官。全世界所有的文明都意识到了额头的象征意义。穆斯林信徒经年累月地以额触接地面进行祈祷，以至于前额留下了永久性的疤痕。但是没有任何一种文化像印度文化那样对前额费尽心思，并刻意夸饰。印度人通常在额头上加上饰物，这种标记花样百出，令人目眩。有一学者认为饰物之所以要加在前额上是因为印度人在圣灵的遗物前顶礼膜拜时以额触地，祈祷时则抬头指向苍穹。这种饰物的作用很多，可以显示各种宗教派别。

（7）耳朵。每个人的耳朵如同他的面孔、虹膜、指纹、字体、声纹、气味及面部热量散发的线纹一样，都是独一无二的。同时，耳朵又处于面部与头发的过渡地带，紧紧地靠着浓密的头发。

四、化妆与灯光照明

化妆属于造型艺术范畴，是使用一定的物质材料塑造平面或立体的可视化艺术形象，而这一形象的塑造离不开光源，物体的形、人物的外表只有借助光源方可显示出其色彩的深浅、轮廓线条的刚柔、曲直、疏密、长短、粗细等。

灯光能控制化妆并使其达到一定的高度。一个成功的化妆造型既能被不准确的灯光破坏效果，也能被巧妙的灯光增添极大的艺术魅力。为了取得尽可能好的效果，灯光指导、摄影师、化妆师之间的密切合作是非常必要的。

一般来说，电影中的每一个场景分别使用来自不同角度的灯光设计和处理，灯光对化妆起到补充作用，所有的灯光设备都由摄影师来控制，以保证用尽可能好的效果把景色拍摄出来。而舞台演出和电视拍摄则不同，灯光不是由摄影师来控制的，一个正规的戏剧或电视节目至少需要有三台电视摄像机彼此配合，在一定的距离和角度内活动着。每一个摄影师不能只为自己所要拍摄的景物布光，因此需要一位灯光指导来拟订灯光设计。

在影视化妆中，化妆效果也有很大的不同。电影里要放大人物形象在大屏幕上，而在电视里则要将人物形象凝缩在比生活场景小得多的屏幕上。此外，电视色彩

是经过光电技术处理还原的，色彩还原度有一定局限性，特别是对红、绿、蓝三原色光的处理较为夸张，如果化妆色彩明度和纯度太高，反而削弱了效果，会在明暗交界处产生漫射现象，使轮廓不清晰。因此，化妆必须细致，要与灯光配合。

舞台灯光是为戏剧、歌舞等表演进行照明和造型的，它可以塑造剧情所需的空间环境和一种流动变化的舞台空间。化妆与照明的创作规律相同，皆依据剧本内容、遵循导演总体构思、结合表演需要并与舞美等其他部门相配合，创造出可视化的艺术形象，即所谓"扮与妆，见于光"。

化妆艺术是一门综合性较强的造型艺术，塑造的是可视化的艺术形象。既然称为可视化的艺术形象，它便存在着光、形、色密不可分的联系。

所谓形，就是指物体的形状和体积。而表现形离不开光源，这里的光源指的是包括日光、灯光在内的所有光源。物体的形只有借助光源，才能显示其线条轮廓的刚柔、疏密、虚实、曲直、长短等。例如，在戏剧舞台等场景中，灯光将物体的形呈现出来，塑造一种清晰的、变化的舞台画面。

其次，我们知道，化妆所塑造的艺术形象是色彩与造型相结合、色光与妆色相结合的产物。由于人类对

物理学、化学、生理学、心理学等自然科学及社会科学的研究，加深了对色彩学的认识，并将艺术与科学高度地结合起来。例如，人们从心理学和生理学角度出发，给色彩赋予了多种情感和思想。化妆色彩与用于照明的灯光色彩之间的相互影响、制约的关系也可以说明这一点。

事实上，人们在日常生活中带妆出现的场合只有两种光源的情况，即日光光源和灯光光源。日光的色温偏高、偏冷，属于散射的光，自然界中的万物呈现出清新自然的面貌，人的面部受光面积大，因此，在这种环境中出现应该注重自然、简洁、生动，以追求"清水出芙蓉，天然去雕饰"的审美意境。灯光环境中的灯光具有一定的装饰性，所以，在这种环境中的化妆除了应考虑与服装的统一，还要注意化妆造型与环境气氛场合的协调，既可夸张，也能收敛。

五、发式造型的基本技法与表现

头发，是脸部妆容之外的另一个突出部分。发型，作为一种人体仪容装饰的艺术，本身具有形象性、装饰性、趣味性、象征性等艺术特点。可以说，发型是人类一种不是语言的"语言"文化。

1. 发型在形象设计中的意义

（1）发型可展示不同的民族文化。在人物造型中，通过不同的发式及头发的颜色来塑造不同民族和不同国籍的人物形象，不同的发型和头饰就是不同族类的象征。我国是一个多民族的大家庭，各民族除了语言不同外，服装和发型也各具特色。如苗族女性的发式古典色彩浓厚，一般梳成束髻，髻上插各种美丽的饰物；朝鲜族女性喜欢梳一条长辫垂于后背，额前不留头帘，中分，干净利落。

（2）发型可展示人物的不同年龄特质。头发的式样可以展示出人物的年龄。中国古代的"冠礼"就是以一种改变发式来标志成年的活动。在人物头发的造型中，往往利用生理条件的变化而引起的发质、发色的不同，以及用不同的发式来展现人物形象的不同年龄特质。

（3）发型可展示不同阶层的人物特征。自古以来，皇室君臣之间、主仆之间、贵族与平民百姓之间都有着严格的区别。在我国古代社会，发髻也同服装一样，是封建统治阶级用来表示人们社会地位和阶级属性的标志。如民国初年的妓女和20世纪30～40年代的洋小姐以及解放后的女工，从发型和装扮上都可以展示出其不同的阶层来。在现实生活中，舞蹈演员往往把头发梳得光滑平整，紧紧地在脑后扎一个发髻；大众女性多把头发梳理得较为随意、蓬松、自然；而白领女性则刻意把发式梳得讲究，有板有眼。

自从整饬头发成为文化习俗之后，是否梳理或梳理成什么样就带有独特的形体"语言"。发型还可以展示出人物的内心情感。在特殊情况下，人们通过整饬头发来表示非常状态下的情感。例如在生活中，常见到一个平时不爱打扮的人突然服装考究，头发梳得很有式样且又光亮，给人焕然一新的感觉，可以猜出他一定是去参加一项愉快的活动。另外，平时一向爱整洁的人，突然反常，头发蓬乱，脸色蜡黄，精神不振，可以断定他一定是受到了意外的打击或受到了极大的刺激。

（4）发型可展示出不同人物的性格。不同的性格、气质，必然会表露在一个人的外表上。性格是多种多样的，有的人内向文静，有的人活泼好动，有的人孤傲自高，有的人则软弱异常等。这些不同的性格，都会通过他们的外表，包括面容、衣着、发式而表现出来。可见，发式有助于人物不同性格的展示。

2. 发式的类型

发式的类型可以依据设计形式的不同简单地归类为自然型、动态型、韵味型、装饰型、个性型、新立体派型、古典型等几种类型。

（1）自然型。强调朴素、不过分修饰，体现修剪层次技术。

（2）动态型。突出流畅、奔放、跃动的特点。

（3）个性型。强调个性和气质与发式相一致。

（4）韵味型。体现出发式的节奏变化。

（5）装饰型。要显得生动、内涵丰富、有装饰色彩。

（6）新立体派型。强调发型的容量和体积感，有立体效果。

（7）古典型。不外乎挽髻、梳辫仿古之类。

3. 发型设计与形象塑造

"头发是人的第二张脸"，一个好的发型的确能使人物形象锦上添花。形象设计中的发型，总在妥帖、对位和方便的原则要求下，作为整体形象的因素之一被融合在完整的形象之中的。一旦它有独立夸张的倾向，脱离了整体的和谐，就不在形象设计的命题中。因此，发型设计要综合人的身体特征（包括脸型、体型、发质、肤色等）、性别、职业、气质等多方面因素来进行。

以发型与人的气质的关系来说，精明强干或性格活泼的女性宜梳短发，直短发也使人年轻。这种发型整齐、易梳理，发型易保持。半长发型适合于年龄不同的各种脸型和各种性格的人，它给人一种沉稳、典雅的感觉，但梳理这种发型需要心灵手巧和耐心。长发型在所有发型中一直独占鳌头，最富有女性的特征。再看发型与性别的关系，在给男性设计发型时要突出其阳刚之气，女性则应尽显其阴柔美。

发型在整体形象中的美感是通过发质、发色和发式来体现的。

（1）发质与发型的关系。发质和肤质一样具有不同的种类。针对不同的发质，发型应该有所区别。因此，在设计发型前必须对设计对象的发质有充分的了解。

① 稀少头发，要想表现丰满盈剩，可以每日洗头。另外，烫发时，在发根处使用发夹，烫得高一些，发高取至腭线，还可向外造成卷曲的边帽发型，这是表现发量感最佳的长度，发尾的轻柔飘动能加强立体感。

② 粗硬而量多的头发，要进行直线修剪，梳发时压低发量。头发如果过短，就会竖起，所以粗硬而量多的头发，不适宜梳短发。这种发质适宜中长发，在正面到侧面做边缘式剪削，这样发尾摇动时便会产生轻松的感觉。粗硬的头发在做造型之前，最好能先用油质染发剂烫一下，使头发看起来不那么坚硬，也可利用烫发增加其柔和感。

③ 天然的卷发有时会给人一种散乱的感觉。如果将头发剪短，其卷曲度就不会太明显，只有留长发才能显出其自然的卷曲美来。因此，拥有这种发质的人，想要尝试一下直发的滋味，首先要减少发量，将头发剪短。如果想要留长发，也可给人一种自然的美，或者在脑后挽成一髻，别具美感。

④ 细而柔软的头发，可塑性强，梳理比较方便，尤其是梳俏丽的短发极为适宜。另外，做柔和卷曲的发型和小卷曲的波浪发型也很自然。不论长短都能持久保持卷曲蓬松的动感。

⑤ 直而硬的黑发，梳理成披肩的长发，那乌黑、闪亮、厚重的悬垂美感是其他发质所不能比拟的。梳成大髻或圆环也是很好看的。这种发质如果要梳成细小卷曲的复杂发型就很困难，即便烫卷定型，也很呆板。这种发质只能用大号发卷梳理成略带波浪的发型，才显得蓬松自然。另外，由于这发质很容易修剪得整齐，所以设计发型时可以特别在修剪上下功夫，做出简单而又能表现出高贵的发型来。

（2）发色与发型的关系。色彩的表现力能为发型增添无穷的魅力，会使发型展示更强烈的效果，同时衬托出脸部和服装的最佳效果，使整个形象在色彩上浑然一体。头发的颜色范围可以从最淡的金色、白色或银色到蓝黑色或黑玉色。亚洲人的发色以蓝黑色、棕黑色或黑玉色等深色为主。发型色彩与其他设计色彩有一定的共性，但是发色与人的发质、肤色、服色等有着密切的关系，这使它具有与众不同的个性。在形象设计中，每一个环节都是相辅相成、相互衬托的，发型色彩在整体形象设计中同样具有重要的作用。

① 染色方法。头发的色彩除了天生的本色以外，还可以通过以下四种方法来改变发色。

● 彩色发胶。彩色发胶的色彩比较艳丽、单纯，分为单色和混色两种。单色发胶有红、黄、蓝、绿、紫、白等色彩，混色发胶是以赤、橙、黄、绿、青、蓝、紫七彩混合而成。彩色发胶属于临时性装饰着色，向发丝上一喷即可，色泽鲜艳，效果明显，用后水洗即除，使用方便，适用于聚会、晚会时临时装饰发色，可以整体染色，也可以局部染色，局部染色效果更佳。由于彩色发胶的色调纯度较高，因此不适宜日常使用。

● 焗油染色。这是一种半永久性染色。采用焗染方法变化发型色彩，在护理发丝时进行染色，色泽不能持久保持。其特点是色调柔和、自然，色彩变化起伏较小，更接近于生活，适于日常应用。

● 染膏染色。这种为永久性染色，其特点是色彩丰富，色度变化富于层次，具有多种色彩的冷、暖变化，既有强烈的色彩，也有柔和的色调，十分富有表现力。用染膏配合设计发型，可以充分发挥色彩的魅力，不仅可以使用单一色调，组合配色、挑染配色也均能展示更为显著的效果。这种方式适用范围广泛，在不同类型、不同场合、不同风格的形象设计中均适宜。

● 漂发。漂发也是一种改变发色的技法，它是部分或全部除掉头发原有的天然色素，改变发色。在漂发过程中，头发的色素要经过不同阶段的色彩变化，比如，黑色头发要经过由黑色变褐色，由褐色变暗红色，再由暗红色变金红色，直至近似白色，设计师认为达到所需色调时即可。漂发通常采用挑漂法，表现效果活泼、富于个性，挑漂与挑染一样，可以运用于不同的发丝部位，使用范围较广。

② 发色与整体形象色调的和谐。一个人完整形象的整体色调是由自然体色（皮肤、头发和眼睛的颜色）及身上所穿服装的颜色所组成的色彩组合。如果这个色彩

组合中的各个色彩的色相、明度和纯度之间存在着平衡与和谐的话，这种色彩组合会更加吸引人。

● 发色与自然体色的和谐。自然体色是由肤色、发色和眼睛的颜色组成的。一个人的头发颜色，天生地与其本人的肤色和眼睛的颜色相得益彰。如果要改变发色，就必须注意所选择的发色首先要与自然体色的其他两部分相和谐。由于发色在大多数情况下是由它的光亮部分所决定的，也就是说，不同颜色的头发一般会呈现出一种或冷或暖的整体外观。因此，发色与肤色、眼睛的颜色可以从冷暖、深浅这两个方面进行设计，以求达到统一协调的效果。其中，肤色由于所占面积较大而成为影响发色选择的最主要因素。

肤色按冷暖、深浅两个因素大致可以划分为四种类型：

冷色调浅色——皮肤色调以粉色为底色，是最浅的皮肤色调。这种类型的肤色宜选用同为冷色调的发色。

冷色调深色——皮肤色调以粉色或蓝色为底色，属于偏深的颜色系列。适合蓝黑、紫黑等冷色调的发色，发色宜深。

暖色调浅色——皮肤色调以黄色为底色，色度较淡。同为暖色调的发色是最佳的选择，如浅金棕色系。

暖色调深色——皮肤色调以黄色为底色，色度较深。暖色调的深色头发最适合这种类型的皮肤，深橄榄棕色和深金棕色都是最佳选择。

● 发色与服色的和谐。发色和服色的搭配也要考虑冷暖、明暗这两个方面的因素。

发型色彩与服装色彩的明暗对比可强可弱，常用于需要强调发型效果、表现风格比较活泼时。较弱的明暗对比，用于整体感强的形象设计，表现风格比较沉稳。

发型色彩与服装色彩的冷暖对比中，也有强弱之分，要注意的是当色相对比弱时，明暗对比就要增强，当冷暖对比强时，明暗对比可以自由选择。例如，棕色发型搭配墨绿色服装——明暗弱对比，冷暖强对比，效果沉稳、大方；浅黄色发型搭配棕色服装——明暗强对比，冷暖弱对比，表现风格柔和、自然；金黄色发型搭配淡蓝色服装——明暗弱对比，冷暖强对比，表现效果灿烂、迷人。

发型色彩与服装色彩的搭配关系同样也不具有固定

的模式，设计师应根据整体形象的设计意图，灵活运用配色原理，把握好色彩对比的效果。

（3）发式与发型的关系。发式，简而言之，就是头发的造型。发式的选择包含两个重要的因素：一个是人物自身，另一个是服装。其中人是形象的主体，是形象设计的基础及最终效果的表现核心。发式要与这两个因素充分配合，相辅相成，以达到和谐的效果。

① 发式与人物自身。人物自身条件包括头型、脸型、体型以及它们之间的比例关系、年龄等。不同人之间的差异很大，不同的人适宜的发式也各不相同。以发式和年龄的关系来讲，我们就要注意所选择的发式要与其年龄相称。人的年龄大致分为以下四个时期。

● 少女时期。这个时期的少女处于发育和学习期间，不宜烫发、吹风，应以简便为原则，展现出自然美与天真、活泼的气质。可梳短发，如童花式、长发童花式、三托式、运动式等，也可梳长发，如各种短辫、马尾等。

● 青年时期。青年人多数注意自己的打扮和发型的美观，几乎任何发型都可以。应选择新颖、美观、活泼的发型，短、中、长发式均可。直发式常梳成流行的轻羽型、内卷式等，长发可梳成长辫，也可长发披肩。烫发的发型更是多种多样，可烫二分之一、三分之一，也可全烫。不全烫可增加发型的流动感，发型随着人的动作而有所变动，从而展示自然的优美感，全烫也可使人显得妩媚动人。要想体现聪慧、文雅的感觉，可将额前的头发梳光或者留少许刘海儿。

● 中年时期。中年人多选择整洁、文雅、大方、线条柔和的发型，根据自己的特点纠正自己在某方面的不足，可起到保持青春不变的作用。这个时期的发型宜梳短发，不留前额刘海儿或留少许刘海儿，体现大方、文静之感。直发、长发挽髻或烫发均可。烫发宜采用全烫工艺，发丝宜往上、往后梳理，显得庄重美观。进入中年就不宜留披肩长发了。

● 老年时期。老年人要结合自己的特点选择发型，要注意庄重、整洁、简朴、大方。一般以短发为主，不论头发已灰白或黑白参半，甚至全白，只要整齐、清洁，样式即使不太新潮，也一样有韵味。老年人也可长发挽髻，颇有风度。

② 发式与服装。发式与服装也必须协调，这样才能增添人的风采。服装造型是由轮廓、比例以及点、线、面组成。同时，服装造型结构也会给人留下某种感觉，挺括感、收敛感、笔直感、飘逸感等。发式设计要与服装设计融合，使二者形成和谐统一的效果。

例如，以直线为主的职业套装，配合简洁、干练的短直发或将长发束起，一个职场上精明能干的女性形象便立即出现在我们眼前。相反，如果配的是一头蓬松的大波浪长发，其整体效果将受到削弱。又如，浪漫的女式裙装，多有裙褶、花边，面料柔软，如若配合长直发型，效果更加妩媚，具有飘逸之感。如果搭配短发型，整体就不甚协调。

此外，发式的风格也应与服装相协调。如穿着庄重、严肃的服装，不宜与过分随意、蓬松的发式相配；而穿着随意、洒脱的服装，与拘谨的发式就格格不入。

六、不同民族、不同年龄段的人物形象特征

1. 世界人种的划分及其形象特征

人种即人类种族，是指具有共同起源并在体质形态上具有某些共同遗传特征的人群。一般来说，世界各民族在体质特征上的不同从外貌上便可以看出。例如，皮肤、头发和眼睛的颜色，头发、头颅和脸部的形状，眼睛、鼻子、嘴唇和颌部的结构，胡须和体毛的多少，以及身材的高矮和四肢的比例等。这些特征即使在同一民族的人们中间也有很大差异，但是，不同特征的一定组合却具有十分稳定的遗传性。人类学家们正是根据这些稳定的遗传特征组合来划分人类种族的。

自18世纪以来，各国学者对人类种族的划分提出了

赤道人种一分为二，分为尼格罗人种和澳大利亚人种。实际上，这两种分法分歧不大，可以同时并用。

据考证，蒙古人种的发祥地是在蒙古高原。正是大漠南北的风沙干旱气候，形成了这一人种的典型特征：眼裂细小，有内眦褶。随着人口的增多，不断向外迁徙；经白令海峡进入美洲的，成为印第安人支系；尔后进入北极圈的，成为爱斯基摩人支系；留在亚洲北部的，算做北亚支系，肤色一般较浅，脸盘很大，嘴唇较薄；往南迁到长江以南直到东南亚广大地区的，算做南亚支系，肤色变深，脸盘缩小，嘴唇增厚，鼻翼加宽，部分混有赤道人种的特征；而分布在长江以北地区的，算做东亚支系，体质特征介于南亚支系和北亚支系之间。

蒙古人种的主要体质特征是：黄色皮肤，黑色直发，胡须和体毛不太发达；颧骨突出，脸庞扁平；鼻梁

各种不同的分类方法。1735年，瑞典学者林耐提出四分法，即欧洲白种、亚洲黄种、美洲红种和非洲黑种；1781年，德国学者布鲁门巴赫又提出了五分法，即高加索人种（白种）、蒙古人种（黄种）、亚美利加人种（红种）、马来人种（棕种）、埃塞俄比亚人种（黑种）。此外，法国学者布丰曾提出六分法、日本学者横山曾提出八分法、法国学者托皮纳把人类种族分为34种，有的甚至分得更多、更细。

不过，现代人类学家大多倾向于将其分得笼统一些，即将人类分为三大人种：蒙古人种（黄种）、欧罗巴人种（白种）和赤道人种（黑种）。但也有人主张将

不高，嘴唇为中等厚度；眼睛为黑色，外眼角一般高于内眼角，并有内眦褶遮盖泪阜。这一人种主要包括东亚、东南亚、西伯利亚和美洲的土著民族，约占全球人口的41%左右。

欧罗巴人种最初形成于北非、西亚和南欧，属于南支。这一人种肤色较深，眼睛和头发多半为黑色，后来，随着冰川的后撤，人们逐渐向北推进，在北欧光照较弱、气候寒冷的条件下，肤色变浅，眼睛渐变为灰色或浅蓝色，头发变为淡黄色或金黄色，形成了颇具特色的北支。同时，在南北两支分布地区之间，还有一个广阔的中间地带，居民的肤色、发色和眼球色介于两者之

间，大体上呈褐色，一般算做中欧支系。

欧罗巴人种的主要体质特征是：肤色一般较浅，但也有深色皮肤；头发柔软呈波状，从金黄到墨黑，发色不一；胡须浓密，体毛较多；颧骨不高，颌突不明显，面庞中部向前凸出；眼睛呈灰色、蓝色、褐色或黑色，内外眼角位于同一水平线上；鼻子较窄，高高隆起，有的呈鹰嘴状；嘴唇较薄，身材一般较高。这一人种过去主要分布在欧洲、北美、西亚和南亚，15世纪后随着欧洲人的殖民扩张而分布到美洲、大洋洲和南非等地，其人数约占全球人口的43%左右。

赤道人种分为东西两支。西支称为作尼格罗人种，是在撒哈拉以南地区形成的。如果细分，还可以分为苏丹、班图、尼罗特、俾格米和科伊桑等支系。苏丹支系分布在西非和中非，肤色最黑；班图支系分布在赤道非洲和南部非洲，肤色较黑；尼罗特支系分布在尼罗河上游，身材最高，平均在180厘米以上；俾格米支系分布在中非热带丛林之中，身材最矮，平均在150厘米以下；科伊桑支系分布在西南非，身高约有154厘米左右，肤色黄褐，臀部肥大。赤道人种的东支，称为澳大利亚人种，最初形成于亚洲南部，尔后在迁徙过程中分化为几支：澳大利亚分支，头发呈波状，胡须和体毛浓密，眉脊隆起，颌部突出；巴布亚和美拉尼西亚分支为卷发，胡须不多，南亚、东南亚的维达和尼格利陀分支，身材矮小，维达人身高在154厘米以下，尼格利陀人身高在150厘米以下。

赤道人种的主要体质特征是：黑色皮肤、黑色卷发或波状发；胡须和体毛一般不多，颧骨不太明显，面庞较窄，鼻梁甚宽；嘴裂宽阔，嘴唇很厚，颌部向前突出；身材高矮不一，一般偏高。这一人种过去主要分布在北回归线以南，包括热带非洲和大洋洲，以及南亚和东南亚部分地区的土著民族。15世纪后，有大批非洲黑人被殖民者掳掠到美洲为奴，至今在美洲留有数千万的黑人后裔。这一人种及其各种混合类型，约占全球人口的16%。

据考证，人类的三大人种都是在旧石器时代末期才开始形成的，至今只有四五万年的历史。在这四五万年间，各大人种都在不断地发生分化，相互之间又在不断

地发生混合，从而在各大人种内部形成了一些不同的分支，同时也形成了一些混合类型。

事实上，各个人种之间发生混合具有无限的可能性，而由人种混合所生的后代在生物学上和社会文化上具有充分的生命力，这些都足以证明人类种属的统一性。不论哪个人种，人类在生物学分类上都属于同一个物种——智人种。人类学家所作的人种划分是相对的，人类的种族差异是表面的、次要的，对人们的生命力和智力并无任何影响，而具有决定性影响的共同特征则是大量的，例如，人类手、脑的构造是一样的，保证人们能够进行高级思维和复杂劳动；骨盆、大腿和脚掌的构造是一样的，保证人们能够直立行走；喉、舌和口腔的构造也是一样的，保证人们能够说出字音清晰的语言。

至于肤色、发型、鼻型、眼型等体质特征，本来是在一定的自然环境下形成的，是人类机体受外界刺激而产生的一种适应性和保护性变异。例如，赤道人种的黑色皮肤，是为了避免强烈阳光照射，不让皮下组织受到过多紫外线的伤害；卷曲的头发，也是一种抵挡强烈阳光的很好的不导热绝缘体；厚嘴唇和大鼻孔，则是为了适应热带水气蒸发和急促呼吸的需要。再如蒙古人种发达的眼睑褶和内眦褶，那是在草原和半沙漠地区形成的，对于保护眼睛不受风沙侵袭起着很好的作用。

然而，随着社会生产的发展和物质文化的进步，这些体质特征已逐步失去其适应环境的意义，对于人类机体的重要性日益减弱。某些西方学者之所以强调人种特征的差异，完全是出于政治上的需要，这是为欧美殖民主义者和剥削阶级奴役有色人种作辩护的种族主义理论。

从形态特征总的进化过程来看，确实存在某些差异，可以说某一种族的某一特征比较原始些或比较进步些。事实上，某些比较原始的特征，并不是全部集中在某一个种族的身上，而是在某一个种族的身上往往同时并存着某些比较原始的特征和某些比较进步的特征。例如，就体毛的多少来说，在进化过程中是逐渐减少的，而今在三大人种中，黄种人最少，白种人最多；就颌部突出程度来说，在进化中是逐渐缩小的，而今是白种人最小，黑种人最大；就嘴唇的厚度来说，在进化中是逐渐增厚的，而今是黑种人最厚，白种人最薄。

2. 世界不同区域的人种划分及其形象特征

（1）欧洲。包括地中海沿岸和南欧人种群、阿尔卑斯山和中欧人种群以及北部欧洲人，他们都属于高加索人种。

地中海沿岸和南欧人种群的人们肤色为橄榄色，毛发及眼睛呈深色，脸略微偏椭圆，且为长头型，如在西班牙、葡萄牙、法国南部、意大利西部地中海岛屿，以及威尔士和爱尔兰的某些地方生活的人们就属于这类人种。在化妆时，可以使用中间色到深色色调的基本色。

阿尔卑斯山和中欧人种群是圆头型，具有一种相当程度的深肤色，略带波状的棕色毛发，深色的眼睛、宽阔的脸，如在奥地利、法国、瑞士、捷克以及巴尔干半岛的一些国家生活的人们就属于这类人种。在化妆时，可以使用中间色到深色色调的基本色。

北部的欧洲人可见于斯堪的纳维亚、荷兰的一部分地区以及比利时、德国北部和英国。他们具有淡色的头发、淡色的肤色、蓝眼睛、长头型及略微突出的、轮廓明显的雅致面形。在化妆时，可以使用淡色色调的基本色。

（2）北美洲。美洲大陆的远古时期居住着美洲印第安人，其基本形象特征是棕色的皮肤且常泛红色或黄色的色调，极深棕色或黑色的眼睛，硬而粗黑的头发，非常弱小的身材，浓密的胡子，宽阔的脸常伴有突出的颧骨、弯曲的钩鼻或扁平的鼻子，属于圆头型人种。

（3）中南美洲。包括犹加敦的玛雅人、古代秘鲁的印加人或是现在的希瓦罗人，属于西班牙人型，有着典型的南欧人的容貌和肤色。

（4）西南亚。基本属于地中海沿岸类型的后裔。在亚美利亚人和亚细亚的土耳其人中，具有偏黄的白色肤色，中等身材，显著突出的鹰钩鼻子、低陷的鼻尖和宽大的鼻翼。还有一些叙利亚人和伊拉克人属于这种类型。他们少数蓄须，并将其做成深色或卷曲状。犹太人分为中欧犹太人和西欧犹太人，他们多半为淡肤色，眼睛呈中间色到深色，鼻梁稍高。在波斯和伊朗常有一些地中海沿岸人和蒙古人的混血人种，他们具有波浪形头发、淡棕色肤色、长型头颅和面部、突起而微窄的鼻子以及深色的眼睛。

（5）南亚。包括印度等国的居民，可划分为三支主要人种群，即喜马拉雅山脉、印度斯坦平原、德干南方地区的人种群。

（6）东南亚。在马来半岛和群岛上的居民可划分为一支广大的南方蒙古人种群和一支更为原始的混合人种群。混合人种群的人们具有短而卷曲的黑色毛发，稀疏地生长在躯体和面部，巧克力色的皮肤，圆型头颅，薄嘴唇，短而扁阔的鼻子，是他们黑色人种和白色人种的混血种族。

马来半岛的人们身材较小并具有深色波状毛发、茶黄色皮肤、突起的颧骨、突出的下巴、斜形的眼睛和蒙古人种式的折叠眼皮、厚唇，并略生有须毛。

（7）东亚。包括中国、日本等国。这一人种群的人们身材中等，头型适中，黄棕色皮肤，具有上斜的眼睛、轮廓分明的蒙古人种式的双眼皮、直而黑的头发、高颧骨，脸部略呈方形，鼻翼扁平而展开，并且眉梢部分较为清淡。

（8）中北亚。中国西藏、蒙古、东土耳其斯坦及西伯利亚的一部分地区，这里的人们具有硬直的黑发、棕色或红棕色须毛、黄棕色皮肤、突出的颧骨、略微扁平的脸、斜形眼睛和蒙古人种式的折叠眼皮，鼻子凹陷，脸形有方下腭形和类下巴形，胡须零乱、稀疏。

（9）大洋洲。包括澳大利亚、塔斯马尼亚、美拉尼西亚、新几内亚、波利尼西亚、密克罗尼西亚等六个主要岛屿。

澳大利亚人种中有一部分属英格兰人血统，其特点与欧洲人相同。另一部分属于原始土著人种，具有黑而卷曲或波状头发、浓密的须毛、深巧克力棕色皮肤、长头颅型、扁平而后倾的前额、突出的眉骨、深陷而宽阔的鼻子，其血统来源于古老的白种人与黑种人的混血种族。

新几内亚人种具有短而黑的毛发，且浓密地长满面部和躯干，皮肤呈棕色，鼻子笔挺且宽度适中，嘴唇中间十分凸出。

波利尼西亚人身材略高，具有直或波状的黑发，皮肤呈橄榄色或棕色，卵形脸上有着高颧骨、突起的鼻子，圆型头颅，面部须毛稀疏。

（10）非洲。住在非洲北部和东北部的是高加索人种，他们具有红棕色或黑棕色皮肤，长型头颅及长卵形的脸，薄唇、尖下巴，狭形鼻子向前突出，身材细长、较高，头发呈深棕色或黑色且为卷曲状或波状。

非洲的黑种人居民有西海岸土著人、上尼罗河和东北海岸的土著人，以及布西门族、霍屯督人、小黑人等。其肤色有淡黄棕色和深巧克力棕色，鼻子扁平、宽阔，嘴唇厚而外翻，眼睛呈深色且窄而微斜，头发为深棕色或黑色且呈卷曲和虬结状。

3. 用化妆改变人种类型

（1）头型。世界上的人种按头型划分可大致分为三种：高加索人属于长头颅型；非洲人基本上属于长头颅型，极少数为短头颅型；蒙古人属于短头颅型。

（2）基本肤色。人的肤色受到皮肤基底层中的黑色素细胞的影响，肤色可由淡粉红色过渡到棕色和深黑色。在化妆中，底色的色相、明度及纯度的不同决定了人的肤色。一般来说，白种人底色为浅色底色油彩+粉红色，黑种人底色为黑色+橄榄绿或棕红色+黑色，黄种人底色可视情况选择深色或浅色的底色油彩。

毛发的颜色是由颗粒状与溶液状的黑色素比例所决定，颗粒状黑色素比例大，则毛发颜色深重，反之，则毛发颜色浅淡。

虹膜的颜色也因人种的不同而异。一般来说，白种人的眼睛颜色最丰富，有蓝色、灰色、绿色、浅褐色等，黄种人与黑种人多为棕色或黑色眼睛。

（3）眼型。白种人的眼睛内外眼角在一条线上，有时外眼角低于内眼角，且为双眼睑，内附外露。化妆时，应以阴影色夸张其立体感很强的眼部结构，眼影色、下眼睑色可使纯度、明度略高，如选用湖蓝色画下眼睑线，可造成蓝色眼睛的错觉，内附处可用底色加红色点饰。

黑色人种眼睛近似椭圆形，常呈斜状。化妆时，可以用眼部阴影和线条来塑造其外形，在眼外角末梢处用线条画出略微朝上翻的棱角。

黄色人种的眼睛双、单眼睑并存，外眼角略高于内眼角，内附被包住，有的人尤其是单眼睑的人内眦赘皮。化妆时，应以暗、深色为眼影色以弥补眼部的不足。

（4）唇型。白种人的嘴唇较薄且长，黄种人的嘴唇厚薄适中，黑种人的嘴唇厚而前突。化妆时，注意唇线的勾画和唇色的选择即可。黑种人的外翻嘴形可以用浓重的阴影施于下唇外边，用黑色和高光色打在上嘴唇的外边，并用较淡的底色描画出唇线。

（5）鼻型。鼻型大致可分为宽鼻型、中鼻型和窄鼻型三种。化妆时，可根据不同人种的需要来塑造鼻型，主要是鼻侧影及鼻梁处的高光部位的刻画。必要时，可制作假鼻子，因为高光和阴影有时也会无济于事。

（6）面部结构。白种人和部分黑种人面部结构偏窄，内轮廓线向中轴线靠近，纵向断面较宽。黄种人面部结构较为扁平，颧骨明显，纵向断面较窄。化妆时，可用底色油彩明暗的变化来改变面部结构，此外，也可用面颊色来塑造面部的形状。

（7）毛发。白种人的头发浓密而长，呈卷曲或波状，较为硬直，截面形状多为椭圆形；黄种人的头发类似于白种人，截面形状多为圆形，卷曲状头发略为少见；黑种人头发质地硬而粗糙，重量偏轻，呈卷曲状和羊毛所特有的细碎弯曲状，截面形状为扁圆形。

4. 不同年龄段的人物形象特征及年龄的 化妆

在人的一生中，年龄的划分大致可以分为五个阶段：幼儿期、少年期、青年期、中年期、老年期。在不同的年龄段中，人的皮肤、肌肉、骨骼、毛发等均呈现不同的生理状态。年龄的化妆在戏剧、影视中尤为常见，化妆师除具备基本的化妆技巧外，还应根据不同年龄段的人物形象特征并结合演员的外形条件等因素来对人物加以刻画塑造。当然，只有掌握了不同年龄段的生理变化，才能将人物塑造得贴切自然、惟妙惟肖。

青年时期是人生中最富有青春朝气、精神焕发的阶段，处在这个年龄段的人们，皮肤具有柔和的光泽、良好的弹性，肌肉圆润、丰满，骨骼粗壮、结实，毛发浓密，五官轮廓清晰、端正。因此，刻画青年妆时，不仅要符合其生理结构的特点，还需强化其立体感，加强结构，夸张化妆效果，改变不健康的肤色，使在一定距离、空间、灯光下所呈现的人物形象清新自然、美妙动人。

步入中年、老年的人们，皮肤失去了以往的光泽、弹性，出现了额纹、眼睑纹、面颊纹、眼角纹、鼻梁纹、唇边纹、眉间纹、鼻根纹等；肌肉松弛下垂，出现了鼻唇沟、眼袋、颌唇沟、双下巴、嘴角及面颊下垂等；骨骼不如青年阶段坚实，凹凸明显，尤其在眼部、颧骨部的骨骼结构明显突出；毛发稀疏、松软，发色变为灰白或全白；

肤色暗淡，色素沉着；五官轮廓线不明显，外眼角下垂，眼睛无神，鼻头松软等。因此，中老年的化妆，其步骤与方法略繁于青年妆，具体步骤为：

① 打底色颜色应略显灰暗，避免纯度、明度高的油彩。

② 表现凹凸，以棕色加底色油彩为主，在肌肉松垂的部位施以阴影，以示明暗变化，强调松垂部位，但线条边缘应均匀，不可有线条感觉。

③ 表现皱纹，以明、暗线条自然地于皱纹易现处勾划，不可留下生硬、呆板的痕迹，可用指腹轻涂，模糊其明显的直线。同时应注意，男妆皱纹较为粗硬，而女妆皱纹则较为细碎。

④ 表现五官，只需避免使用高明度、高纯度的油

彩，尤其是面颊色和唇色即可。

⑤ 毛发的处理，可在鬓角处、眉毛部位刷白，可使用假发套，也可于唇上、唇下、腮部粘胡须(先刷一层胶水，然后将发茬置于该处)。

⑥ 定妆粉要透明，以免有涂粉的痕迹。

第二节　形象设计中的服饰搭配

服装是形象设计中表现效果最为显著的重要部分。服装的轮廓、造型、色彩以及风格组成了形象设计的主体，是形象设计最为有力的设计语言之一。

本节中的服装设计侧重于介绍形象设计中的服饰搭配，而不是单指艺术设计门类中的服装设计。

一、服装的分类

在形象设计中，不同的设计意图对不同类型的服装服饰有不同的要求，各种类型的服装具有不同的表现特色。明确服装的不同类型及特性，是使我们设计的形象能够被社会接受、被人们欣赏的重要基础。

服装通常根据形态、用途、季节或使用材料来分类，使用得最普遍的是按形态分类。

1. 内衣

内衣是对穿在最里层服装的总称。对于现代人来说，内衣已不仅仅是遮着之物了。吊带衫、低领衫、紧身裤、低腰裤、露背礼服等，任何一件都离不开内衣的完美搭配。比如，穿吊带衫时要搭配无肩带的文胸，或是如今时尚的小花边吊带文胸，更有一种新颖有趣的、肩带可换多种颜色和花边的文胸，这大大满足了时尚女孩对各款吊带衫的搭配需要。而时下内衣外穿的潮流更是将内衣的精彩演绎得淋漓尽致。内衣虽穿在里面，却衬托体现出了外衣得体、动人之处。所以，人们在追求服装的舒适与美观时，千万不可只注重外表。合体、雅致的内衣更能体现个人的着装品位与内在涵养。内衣按照功能可大致分为以下几种。

（1）贴身内衣。贴身内衣是直接与皮肤接触的内衣，主要起保健作用。它应该具有吸汗、吸污、保持体温等功能。贴身内衣的基本形式是由汗衫和短内裤组成。

① 汗衫。它是一种传统的内衣，对乳房没有固定和修正的作用，因其对身体无束缚，故常配合居家服和休闲服穿用。在追求自由与个性的今天，很多现代女性更是以穿用无胸罩的汗衫表现"自由之美"，以追求舒适、自然、回归之感，甚至成为一种时尚。

② 短内裤。短内裤的种类有很多，包括平角裤、三角裤、"丁"字裤等。不同的体型对短内裤的选择都有不同的要求。东方女性的臀部普遍扁平下垂，可以选用提臀式内裤，这类内裤可使下垂的臀位上升，收紧臀部肌肉，达到比较理想的塑臀效果。平角裤可以把臀部肌肉全部包容进去，无论是中年妇女还是年轻的女孩子，在穿紧身裤、紧身裙或西服裙时都应穿平角裤，这样才不会在穿紧身衣服时露出三角内裤的印痕。也可尝试选用T型台上模特们流行穿的"丁"字型内裤，它不会让人看到内裤的任何边缘，即使穿再薄的衣料都找不到它的痕迹。三角裤可以在穿宽松衣服时穿着，会有一种放松、随意的感觉。

（2）补正内衣。也称为修正内衣。它能修整人体的缺陷，塑造匀称、健美的理想人体体型。补正内衣包括以下几种。

① 胸罩。胸罩能够束胸并使之固定、隆起，使其保持正确的位置与美好的姿态，衬托出玲珑的体态，让人感觉整体曲线优美。它的主要功能是固定乳房，使之保持在理想的位置，矫正乳房的大小、距离和高低，抑制腋下多余脂肪下垂，使胸部丰满、挺拔。

② 束腰内裤。与普通内裤的不同点在于，它具有固定腹、臀和大腿肌肉的功能，塑型作用丰要体现在压制腹部、抬高臀部。束腰内裤的基本款式分为标准型、高腰型和长线型三种。

③ 紧身胸衣。将胸罩和束腰内裤合二为一的内衣为紧身胸衣。它具有胸罩和束腰的双重功能，同时具有固定躯干体型的作用。

④ 夹腰和补正垫。它们是用来修整局部体型的。夹腰是为了束紧腰部并使其变细而设计的。补正垫是为了弥补体型的缺陷或塑造某种流行外形轮廓，常见的有肩垫、胸垫等。恰当地使用补正垫，能更好地塑造完美体型。

（3）装饰内衣。它是穿在贴身内衣或修正内衣的外面，使外衣显得丰富、完整而具层次感，这是装饰内衣的基本功用。

① 连衣裙式衬裙。这种衬裙可以有袖，也可无袖。最常见的款式为吊带式和U型或V型领背心裙。一般上身紧贴身体，下身宽松，裙长短于外衣。

② 衬裙。指腰线以下衬托外衣的裙子。一类是使外衣裙子能撑开的硬挺质料或多褶的裙撑式衬裙，经常在婚纱中采用，比较奢华的晚礼服、舞台服装中也常见；另一类是夏季为衬托薄料而采用的标准衬裙。

总之，内衣既是绿叶又是红花，内衣就像是所有时尚外表的基础，既是基础又是时尚。在选择搭配内衣时，除了要注意各种内衣的形态及功能，还应注意内衣与外衣在质地这一因素上的和谐搭配。比如，丝与纱质料的外衣，具有轻盈、飘逸的感觉，就应搭配光面质料的文胸。否则文胸上凸起的花纹和一些褶皱就会破坏丝质外衣的整体效果。

2. 上衣

上衣大致可分为衬衫上衣、套装上衣及便装上衣三种基本形态。

（1）衬衫上衣。它是穿在内衣外面的以软料为主的上衣，有外装化的意味。女衬衫款式变化很多，与其他服装搭配的余地很大，可以单独穿，也可以与套装搭配穿。女衬衫按穿着方式可分为内衣型衬衫、外衣型衬衫两种。

穿在套装上衣内的衬衫，主要考虑颜色的搭配。实际穿着时，在领部还可搭配丝巾、领结及其他配饰，体现整体形象的独特魅力。但应该注意简练、精致，切不可过于烦乱与花哨。

（2）套装上衣。套装上衣是以西装为基本型变换款式的服装，主要分为西装和女式套装。

① 西装。西装具有男、女式之分。男性西装的产生可以追溯到17世纪，那时，欧洲男性穿着一种细长外衣，与现在的西装式样很不相同，装饰烦琐。18世纪，这种外衣的式样有所改变，但是，与现代西装还是有较大的差异。19世纪后，男性的外衣形态逐步演变得与现代西装较为相似。20世纪初，女性服装开始采纳男性西装的形态设计，随后出现了受男西装影响较深的女式套装。随着时间的推移，男、女西装的发展也更加完美，受到人们的广泛欢迎。

西装的特点是贴身合体，穿着效果挺括、端庄、高雅，穿着者的适用范围广泛。西装可以通过领子、驳头、口袋、肩部、纽扣以及造型等方面的变化而派生出多种款式。比如，后背有开衩、两侧开衩之分，下摆有直摆、圆摆之分，口袋有明袋、盖袋以及单嵌线袋、双嵌线袋之分等，变化无穷。女式西装的变化更为自由、多样。但是，无论怎样变化，它的整体风格和特有造型却是不变的。

② 女式套装。女式套装是从西装演变而来的女性时装，有两件套或三件套之分。下装可搭配裙子，也可搭配裤子，式样变化随流行趋势而不断改变。在第一次世界大战之后，女性开始纷纷走向社会，工作、生活的现实要求女性的服装应该轻便、简洁，套装逐渐成为女性的常见服装。上下装材料一般为同样的面料，也有采用不同面料相配合的，没有约束。

女式套装通常分为几种类型。一种是造型严谨，面料考究，款式变化比较传统，适用于上班穿着的套装；另一种类型是与时尚、前卫潮流紧密相连，质地一般，注重穿着效果，适用于交际、娱乐穿着的套装；还有一种是颇为随意的套装类型，上装亦可搭配背心或毛织物等，适用于休闲活动穿着的套装。

现在，随着人们生活质量、审美能力的提高以及个性化的追求，人们在工作中已不拘泥于传统套装的约束。因其难免单调与过于严肃，所以时装化的各式上衣应运而生，这为我们在形象设计中进行各类服装搭配提供了更多的选择。

③ 便装上衣。便装上衣主要是指人们在运动休闲时穿着的上衣。穿上这些上衣后轻松随意，迎合了当前人们崇尚运动休闲的心理，成为今日的消费热点。

3. 裤子

很久以来，女裙一直代表了传统并在女式下装中占据了绝对地位。近些年来，随着女性越来越多地参与工作与社会生活，现代女性常常以着裤装的形象出现在公众面前，昭示着女性的独立与解放。现代女性不仅爱着裤装，也懂得裤装是最能掩盖体型缺陷的服饰，可以使不完美的体型在有型的裤装里显得挺拔、娇美。

裤装因区分标准不同而有许多分类方法：根据长

度不同，可以分为短裤、中短裤、七分裤、九分裤、长裤等；根据腰位高低不同，可以分为高腰裤、中腰裤、低腰裤等；根据裤筒形状不同，可以分为直筒裤、喇叭裤、锥形裤等。

在选择裤子的时候，要注意不同裤型的特点和功能。比如，喇叭裤是一种裤脚张开的长裤，其特点是裤腰、臀部以及大腿部均十分合体、贴身，从膝盖以下至裤脚逐渐张开，形似喇叭。喇叭裤男、女均适用。在穿着时，裤长一定要至脚跟处，整体着装造型沉稳、修长，似雕塑之感，通常上身适宜搭配紧身、短小的服装，与喇叭裤形成造型对比，可以表现出活泼、随意的风格形象。

4. 裙子

裙子在女装中占据了极其重要的地位，十几个世纪以来，女性的下装都是以两腿合于一袭裙式衣中为美。如西方16世纪流行的撑箍裙、体现中国女性韵味的旗袍、日本的和服、朝鲜的高腰裙等，它们都充分体现了女性穿着裙装时的妩媚、温婉。

裙子的款式变化无穷，归纳起来大致有以下几个要素的变化：长度变化、摆围变化、褶裥变化和分割变化。将以上四要素组合，就产生了各式各样的裙装。比如连衣裙，连衣裙是最能显示女性形体美的一种服装形态，其应用十分广泛，无论是休闲、工作还是在社交场合等，都可以看到它的身影，穿着者的年龄也不受局限，某些造型还可以掩盖人们形休的缺陷。再如超短裙，超短裙亦称为迷你裙，于1965～1976年风靡世界。英国服装设计师玛丽·奎恩特根据古希腊壁画、雕塑中女性束腰上衣的造型，创造出世纪性的超短裙式样，至今仍受到女性们的喜爱。在现代设计中，由于弹力面料的应用，使超短裙更具有实用性，人体活动自如，短而不露，展示了女性的曲线，充满青春活力。它的风格活泼，适宜与随意的短发以及较大的饰物相配合，能够表现轻快、自由的着装效果。

5. 外套

外套与内衣是相对而言的，是指穿在最外面的服装。根据用途与季节的变化可以分为很多种，如普通外套、礼服外套、风衣外套、毛皮大衣等。外套除了长短变化外，外形轮廓上的造型也多种多样。

二、服饰搭配的基本原则

有人把服饰美总结为适体美、适时美、和谐美和装饰美。之所以把适体美放在第一位，足见服装穿着后的造型效果是何等的重要，而这也正是我们在进行形象设计时所要关注的重点。

　　所谓适体，即得体，也就是指服装的款式、规格、颜色、面料以及各部件均应合乎穿着者的体型、脸型、肤色、年龄以及场合，能够突出穿着者体态中优雅的一面，又能弥补和掩盖穿着者身材的不足和缺陷。一套得体的服装，能使穿着者整体显得亮丽明快、脱凡不俗、富有神采，也能使穿着者本身所具有的内在条件与服装这一外部条件有机结合，和谐地统一起来，创造出最佳的效果。相反，如果穿着的是一件不得体的服装，那么，不仅不会增加人体的美感，反而会破坏原有的人体美，使穿着者显得呆板、不自然，甚至很滑稽。

　　在设计服饰搭配前，首先要记住两条最基本的原则：衣服穿得越紧，就越能显露体型特征，所以，要合理运用松紧度的变化做到恰到好处地表现人体美；直线条有拉长或拉宽的感觉，而曲线、斜线有凹进或凸出的感觉，因此，可以利用视觉上的错觉，用款式改变体型乃至脸型方面的弱点，使之趋于完美。

　　在对整体形象进行设计的过程中，服饰的得体搭配与组合是决定整体形象塑造成与败的重中之重。通常情况下，设计的出发点可以归纳为以下几点。

　　● 直接弥补法。即采用弥补体型缺陷的方法，对形体上的不足之处利用服装的款式设计、色彩搭配、面料性质、剪裁工艺、辅料配合等手段进行重塑，以达到视觉上的审美标准。如肩窄者可以加垫肩以衬托肩膀，溜肩者的垫肩可以加厚，胸部欠丰满者可使用加厚定型胸罩以加大胸围，身材矮小者可以穿高跟鞋增加高度。

　　● 扬长避短法。即运用服装的款式设计、颜色搭配、面料使用以及服饰配件等选择，来突出自身体型、肤色等在着装方面的优势，把对其的评判视线转移到优点上，从而削弱对其体型不足之处的注意力。例如，在一个人的整体形象设计中，如果她个子矮小，但颈项非常优雅美丽，那么就可以通过佩戴一条经过精心选择的项链来突显颈项的线条，使人们的视线上移，这样既使人忽略了她个子矮小的弱点，又突出了她身体中最美的部分，从而达到扬长避短的效果。

　　● 视错法。即利用人们视觉中的错觉，巧妙地运用线条的分割、色彩的自然生理现象所产生的视错的方法，来减弱或掩盖形体上的不足。如一个人的身体通过线条的分割作

用，可使人产生不同的视觉偏差。利用这种方法进行
线条的分割，既可丰富服装的款式造型，又可弥补人
体比例上的不协调，从而达到审美和谐的视觉效果。
常见的线条分割法有垂直分割、水平分割、垂直与水
平分割、斜线分割。垂直分割给人以端庄、严肃、挺
拔、秀美的感觉；水平分割一般给人以柔和、娴静的
感觉，有时还会产生一定的情趣；垂直与水平分割则
把两种分割的特点结合在一起，使服装在不同部位产
生不同的效果，整体造型显得端庄、稳重而又健美、
娴静；斜线分割则可产生轻快、活泼的效果。

此外，对于常见的形体上的不足，还可以有如下
的解决方法。

● 上短下长的身体比例。这种比例的身型相对
上长下短的身型而言较为完美，在进行服饰搭配的
选择上可以随心所欲，但是，超出标准比例的上短下
长也会使人感到视觉不适。所以，在服装的选择上应
该注意：服装的上半部要强调肩觉；内衣的领口不要
太低；上衣的下摆线最好定在恰当的中心线上，盖住
腰部；下摆的围长较松；放大下装宽度；避免系宽腰
带；避免穿较为紧身的西裤、牛仔裤或一步短裙等。

● 上长下短的身体比例。这种比例的身型是进行
服饰搭配中首先需要改善的问题，可以通过以下几个
方面进行弥补：在适当的中心线比例上放大上衣下摆
宽度；选择高腰裙或较挺括的西裤；连衣裙或西裤的
腰线应较为宽松；下装应力求简洁的设计；使用宽些
的腰带；鞋子尽可能地与长裤或连裤袜颜色相近或相
同，并且款式简洁而不突出等。

三、服饰搭配中色彩搭配的基本原则

人类在长期的色彩艺术实践过程中，创造出众多能够激发人们产生视觉美感的色彩搭配原则，这就是色彩

运用中的形式美法则。这些形式美法则也是形象设计中服饰搭配以及其与化妆造型整体协调搭配的最根本的、同时也是达到完美效果所必须遵循的基本原则。

归纳起来，被现代色彩应用者普遍接受，并于色彩运用实践中行之有效的形式美法则主要包括和谐、平衡、节奏、比例、间隔、空混六类。

1. 色彩搭配中的和谐法则

和谐法则，是人类生存原则及自然原则在艺术形式中的集中反映，也是一切艺术活动最基本的形式美法则。

就色彩而言，凡在整体色彩布局中能够协调相处并能诱发出人们相应审美感受的色彩搭配关系，便符合和谐美的色彩创作原理。人类长期的审美经验表明，色彩的和谐之美，不仅要求色彩的组合关系要互相匹配，即调和，与此同时，它们之间还要彼此独立，即对比。因此说，对比与调和才是构筑色彩和谐之美的真正要素，同时，和谐也是"一切色彩美创作的总原则"。

（1）对比和谐。它是指性质相反的颜色并置在一起时所呈现出的一种颇具动感的色彩美搭配关系。通常，色彩性质差别的大小决定着色彩对比的强弱程度，所以，差别是色彩对比的关键环节。例如，在色相环上，相隔180°的红与绿搭配时，其对比关系最强烈；而在15°之内的红色与橙红组合时，其对比效果最弱。

虽然色彩对比的形式千变万化，然而这绝不意味着它是自由无度、无章可循的，恰恰相反，色彩对比是有条件的、具体的并且总是在一定范畴、性质和环境内展开的。例如，以明度色彩性质差别为主的明度对比，如黑与白的对比等；以色相色彩性质差别为主的色相对比，如黄与蓝的对比等；以纯度色彩性质差别为主的纯度对比，如鲜红与含灰的红对比等。以上对比类型又因各自对比差异程度的不同还可继续细分为强对比、弱对比和中对比。除了上述色性对比外，每一种色彩由于具有形状、位置、面积、肌理等视觉要素特征，因此以这四种方式与关系构成的色彩效果又衍生出不同的对比类别，如面积对比、位置对比、肌理对比等。艺术创作实践表明，色彩的任何一种对比效果都会给人带来各富情调的审美体验，而且是其他对比关系所无法替代的，这也是色彩对比的魅力所在。

（2）调和和谐。它是指两种或多种颜色有秩序地、协调地组合在一起，并能使人产生愉悦、舒适、满足感觉的色彩搭配关系。如果说色彩的对比是寻求色与

色的差别，那么，色彩的调和则是为了达到色与色的关联，其实质就是色彩的调和内容。换个角度分析，色彩美的创造依赖于适度的对比与调和，当这种"适度"体现为一种和谐状态时，变化统一的形式美法则才会展示出生命的活力。为了更形象、更实用、更概括地表达色彩的调和法则，下面重点介绍几种较具普遍指导意义且简便易行的色彩调和方法。

① 统调式调和。是指在过度对比的色彩中掺入某一特有支配作用的相同颜色成分而使各色相辅相成的色彩调和方法，包括明度统调、色相统调和纯度统调三种类别。明度统调是指在互不相让的各对比色相中加入无彩色系的黑或白，凭借提高或降低各色的明度，弱化其纯度，促成各色和睦相处的色彩调和手法。例如，立体派画坛偶像法国画家勃拉克依据明度统调的方法，在各色中全部混黑创作而成的色彩融洽柔和的油画静物画名作《水果、瓶子和曼陀罗》。纯度统调是指在面目张扬的各对比色相中共同加入彩度为零的无彩色系的灰色，而迫使参加组合的各个颜色因在纯度上极为柔弱与接近而形成画面调和的一种配色手段，如吴冠中的油画创作就具有这种色彩意向，其作品总给人以典雅、优美的视觉印象。色相统调是指在势不两立的各对比色彩中共同加入同一色相成分而达到减少原来各色彩的对比程度，来实现画面和谐统一的调和技巧。在对比强烈的红色与绿色中，一并混入黄色，依靠双方色相均向黄色倾斜来呈现类似色彩的协调效果。如红加黄演变为橙红或红橙等，而绿加黄则显现出黄绿或绿黄等。这样，两者因具有了黄色的共同色彩因素而展现出互相吸引的色彩调和态势。

② 序列式调和。是指在尖锐对比的两色或多色之间增加过渡色阶层次而赢得和谐效果的一种色彩调和方法。其造型特色为能够表露出有条理、有节奏、有组织的意蕴，并同时形成持续的、运动的、美妙的色彩整体。色彩学家蒙赛尔认为，这种以秩序为主的色彩组合才是真正的调和基础，其效果是既你中有我、我中有你，又互为联系、互为依存。如在黑与白中增加几个灰色层次、在鲜红与浊红间排列几个中间色、在黄与蓝

中配置黄绿、绿、绿蓝等。这种方法使得彼此孤立、排斥、互不关照的色彩呈现循序渐进、节奏鲜明的艺术特色。其中最具有代表性的表达方法，即为色彩的推移构成。

③ 补色式调和。是指通过在互为补色的对比色彩之间掺入对方的颜色而巧取画面统一协调效果的调和方法，它包括两种表现形式：单项混色与双项混色。单项混色是指在补色的一方兑加对方颜色。如在黄色不变的条件下，在紫色中加入黄色，这样，由于紫色中包含了黄色的成分，而使双方展示出相互融合、相互吸纳的色彩造型姿态。双项混色是指补色双方均被对方色彩所浸润。同样以黄色、紫色为例，当它们进行互混时，其结果为紫中带黄，黄中见紫。

总体就色彩对比与调和的关系来看，两者为既相互依存又相互对立的辩证统一关系。不妨这样说，在进行色彩搭配组合时，割舍任何一方都势必无法形成真正美学意义上的色彩之美。如果仅有对比而没有调和的色彩搭配，便会呈现刺激、杂乱的视感效果，即"色彩污染"。色彩艺术的实践反复证明，刺激与虚弱、杂乱与呆板均难以唤起人们的审美体验，并失去色彩的表现价值。色彩创作的正确思考及表达方法是：应用对比法则时，要注意寻求恰当的调和举措；而选择调和法则时，则要辅佐适宜的对比手段。

2. 色彩搭配中的平衡法则

平衡是指被组织的色彩造型诸要素，在画面结构中达到一种重力停顿状态时所形成的色彩和谐效果。造型艺术中的"重力"绝非物理学中的概念，而是视觉心理上的重力形式。它对色彩要素所囊括的形态、面积和位置等构成关系起到重要的协调作用。例如，同样大小的黑与白形状给人的视觉重力感受是截然不同的。

（1）对称平衡。即以轴线为中心，通过两侧色彩要素的并列重复处理，获得色力和谐效果的平衡表现形式。这类平衡调和形式最适宜表现主题突出、富有静态特征的色彩组合关系。对称平衡又细分为绝对对称与相对对称两种。绝对对称是指中轴线两侧的色彩要素完全一样，重叠后可成相同要素的对称平衡调和方法。它极具大方、安定的艺术情趣，如国徽的色彩构成。可是这

种对称平衡如果处理不当，也会产生拘谨呆板、生硬机械之感。相对对称是指中轴线两侧的要素大体一致，仅在较小部位略有变化的对称平衡调和方法，它颇富静中求动、平中见奇的美学蕴意。

（2）均衡平衡。即非对称的视觉重力的平衡构成形式。具体来讲就是，色彩各造型要素被有机且自由地安排于画面之上而获取视重稳定的平衡表现形式。这种平衡要较对称平衡而言，在色彩的组织上要更加活泼，偏重运动性。因此，要做好均衡平衡，设计者对不同色彩的心理重量判断就显得举足轻重。在造型活动中，人们因为习惯把自己日常生活中的触感体验，如较大的形、较深的色的物体感觉为较重以及反之较轻的经验作用、延伸于色彩艺术创作之中。因此，在画面构成时，我们会对较大、较繁杂的形和较深、较冷、较浊的色感

觉较重，而对较小、较简约的形和较浅、较暖、较艳的色感觉较轻。由于人们有了这种约定俗成的视觉心理重量感受，所以创作者只有因势利导地利用它们，才可能为创作出符合视觉心理重力平衡原则的画面构成提供条件。如同样大小的黑白两形，黑显沉、白显轻，要平衡两者的视觉重力关系，缩小黑色或放大白色的比例就势在必行。

总之，均衡构成形式是以其活泼、自由的造型魅力而别具一格，同时也是服饰搭配中较为常用的色彩搭配方法。

3. 色彩搭配中的节奏法则

节奏，原为音乐术语，它表示音响所做的合乎规律的强弱、长短运动。借鉴到色彩搭配中，即指色彩有秩序地反复或变化。例如，当人们的视线在色彩组合的色与色间反复移动时，即会产生节奏的体验。常见的色彩节奏表现形式有以下三种：关联节奏、渐变节奏及层次节奏。

（1）关联节奏。它是指由一个或几个相同色彩的反复出现而形成的色彩节奏表现形式。一般是通过移动色彩的位置，如上下、左右、前后、内外或者面积的大小等来获取节奏感。例如，古诗有"万绿丛中一点红"的名句，在此，红色具有被强调的意味，因此诗意无限。但对于色彩的关联节奏而言，"万绿丛中几点红"其实更具整体感。总之，关联节奏是色彩设计中应用最广泛又最行之有效的节奏表现形式。

（2）渐变节奏。它是指色彩构成要素按照数学的等差或等比原则而形成的色彩节奏表现形式，如同音乐中音响的渐弱与渐强的变化效果。一般来说，色彩的渐变节奏是由两种构成途径实现节奏效果的：一是对色形面积做由小至大的逐次变化；一是由一种颜色过渡到另一种颜色的渐变方式。总之，色彩的渐变节奏构成方法常使人感受到音乐之美。它的色阶变化犹如逐渐变化的音符，或从高音到低音，或由远处及近处，或自辉煌转入平淡等。

（3）层次节奏。它是指色彩造型要素按照远近、虚实等层次的差别而形成的色彩节奏表现方式。产生色彩层次节奏的原因，既包括色彩自身的易见度与注目性方面的问题，又包括色彩对比关系的问题。当然也可以将两者综合考虑。例如，当把两个颜色并置在一起时，那些较纯、较亮、较暖的颜色往往要比那些较灰、较暗、较冷的颜色要显得靠前一些、醒目一些。通常，两者间对比越强烈，其层次感就越清晰、节奏感也就越鲜明。这也是为什么一些好的色彩搭配实例能够令人常读常新、百看不厌。

4. 色彩搭配中的比例法则

比例是数理美原则在色彩搭配中的集中反映，它主要表达了色彩在组合时，由于面积上大与小、多与少的差异而形成的色彩之美。在不同色彩面积的搭配过程中，人们结合视觉审美经验，创造出多种色彩面积的组合关系。当我们遵循这些原则去进行色彩搭配时，便可设计出独具数理美的色彩效果。在此需要指出的是，通常在色彩设计中提及的色面积或色域概念，并非是指一块完整的色彩，而常常是以分散的形式布局于特定的色彩结构之中。通常，色面积大小的计算，更多是依靠使用者的色彩直觉与实践经验完成的。

从色彩学角度看，尽管面积的比例美同色彩本身的属性没有直接关系，但却对色彩效果产生着重要影响。如面对同等面积或不等面积的两块红与绿组合的画面时，人们产生的心理遐想与审美观感是截然不同的。古往今来，许多伟大的色彩学家和应用者都曾在自己的论述或作品中强调过面积比例的重要性，甚至把它提升为与选择色彩等量齐观的地位。例如，伊顿教授就曾在他的《色彩艺术》一书中明确表示过："任何色彩构成都应从研究色域成分的相互关系入手"。

（1）视平比例。强调在画面上建立一种能够符合色彩视觉心理重力平衡的色面积比例关系。在这个方面，歌德曾做过不懈探索和杰出贡献。他认为色彩的美与明度及面积有关，歌德为纯色制定了黄9、橙8、红6、紫3、蓝4、绿6的明度面积平衡比例尺度。在此基础上，若把其变成反比关系，各色就可以得到和谐的色彩面积比例效果。其特点是亮色面积小，暗色面积大。如橙：蓝 =

4：8＝1：2，黄：紫＝3：9＝1：3，红：绿＝6：6＝
1：1，黄：蓝＝3：8，绿：橙＝6：4＝3：2等。参照
这些比例关系，可以抵销明度差别，从而获取协调的色
彩效果。

在对色彩比例美的探讨中，我们不但要善于掌握那
些约定俗成的比例尺度，而且还应追随时代步伐以及特
殊审美需要去创造更加丰富多彩的比例和技巧。例如，
在红与绿以同等色域出现时，能够形成一种相互牵制、
四平八稳的色彩面积对比定势。可是，如果将红与绿的
面积比例调整为1:10的关系时，这种色彩面积对比要比
身处和谐状态之中的色彩关系显得更加生动、新颖、跳
跃，并且富有强烈的表现性。

（2）强调色。强调色是指在占支配地位的色域
中，置入与之明显对立的辅助性色彩而形成充实与强化
色彩关系的色面积比例构成方法。事实上，"万绿丛中
一点红"的红色就充当着强调色的作用。经验表明，要
使强调色产生力量，其构成规则是：强调色要少而精，
切忌多而散。因为过多或过散的强调色会破坏色彩的突
显意味，并且给人造成"多中心即无中心，多重点即无
重点"的色彩感觉。此外，色彩应用者还要注意被强调
的色彩面积既不宜过大也不宜太小的问题。如果色面积
过大，画面会因对比强烈而失去统一感；反之，又极易
被映衬它的色彩所同化，从而丧失其应有作用。实践证
明，成功的强调色应用，不仅能够起到点睛与升华画
面的特殊功效，而且还能缓解与调节画面的紧张或虚弱
感。

除上述色彩比例表现形式之外，在一定意义上被色
彩学家誉为"色彩灵魂"的色调表达，也是一种以面积
对比为前提的色彩比例构成形式。色彩发展史证明，凡
是优秀的色调表达，通常反映了色彩运用者在对立的色
彩面积关系中强调一方、削弱一方的主观意向。

5. 色彩搭配的间隔法则

间隔是指在色彩搭配时，为了弥补颜色间因对比而
过度刺激的缺陷，有意在其间嵌入某种分离色，从而达
到协调色彩整体的形式美表现方法。间隔色的主要功用
可概括为两个方面：一是调节色彩的强度值，二是丰富

整体效果的表现力。一般情况下，间隔色多为无彩色系的黑、白、灰以及金、银，有时也可为有彩色系的饱和色。但是，不论选择哪种类别的色彩做间隔，都应依循被界定对象的实际画面色彩基调，即努力在明度、色相或纯度上寻求变化。此外，如果采用无彩色系的颜色做间隔色，还可以消除因各个饱和色面交接处的相互作用而引发的视错现象。

在古往今来的色彩艺术创作中，利用间隔方法呈现美的色彩造型的事例屡见不鲜。例如，自中世纪的君士坦丁大帝认允基督教且容许其兴建教堂开始，作为传播上帝意旨和象征教义精神的彩色玻璃窗画应运而生。玻璃窗画的色彩基本是由光谱色配置而成，但它们之所以产生既辉煌神秘又协调一致的感觉，关键在于镶嵌色彩玻璃的窗框在逆光下显现出黑色趋向，致使缤纷绮丽的

色彩有机地融为一体。在现代绘画史上，色彩间隔美的伟大实践者和积极倡导者是荷兰抽象派画家蒙德里安，他晚年曾致力于独创的纯色加黑线的几何画风，在他的作品《场景Ⅱ》中，蒙德里安通过选择不同色域的红、黄、蓝及黑、白五色，妙笔生花般地创造出稳定、安逸的视觉平衡效果。由于采用均匀坚定的黑色直线分割与连接画面，令整幅作品展示出变化中见统一的色彩和谐关系。

在间隔美的色彩表达中，除使用线条隔离色形外，也可选择其他色彩形态，如点或面等予以画面组合。只要能够呈现间隔调和的色彩效果，其手法是不拘一格的。如诸多苗族刺绣图案，常以黑色底的形式贯穿画面，融合各种色彩，作品所展现的艳丽且和谐的色彩并置关系，让我们充分领会到创作者不凡的色彩天赋及审

美水准。在我国传统的色彩造型艺术中，类似的例子比比皆是，如工笔重彩、京剧脸谱、民族服饰等，都为我们研习这种色彩搭配方法提供了珍贵的借鉴资料。

6. 色彩搭配中的空混法则

空混即空间混合是指在一定距离内，人眼自动感应两种以上的对立并置色并将它们同化为柔和的中间色而获得和谐画面效果的色彩表现形式。从色彩艺术的发展史看，对于空间混和技艺的实践与探索由来已久，且成果斐然。如风靡古罗马和拜占庭时期的镶嵌细工艺术以及异彩纷呈的马赛克壁画，特别是在19世纪，新印象派更是把这种色彩构成形式推向了一个登峰造极的境地。受光学实验影响的新印象派的代表者修拉为了对当时盛行的印象派色彩表现方式予以科学改造，创立了被美术界称为"点彩"的独特色彩表达方法。上述这些都是色彩空间混合的经典个案。到了现代，这种将色面积分解成最小视觉元素的美术造型方式，又被拓展到其他的实用技术领域中，如网点印刷、色盲测图、三维绘画及电视显像、计算机的位图显像模式等。以彩色胶版印刷技术为例具体说明，想要印刷原色版时，应先将原彩版分解为红、黄、蓝三色版，然后，以密度作为明暗调节的手段，并通过重复版印刷获取色彩尘混的效果。为了使明暗反差更鲜明实在，除上述三色外，墨版是补充深浅的重要环节。因此，原色版由黑、红、黄、蓝四色版复制完成。常见的空间混合表现形式包括分解式、归纳式、自由式、限色式、分割式、点绘式等。

5Part ▶

第五章　整体形象的统一协调

第一节　脸型、发型、体型的整体协调

一、脸型

1. 脸型特征

人的面部是视线首先到达的地方，面部的修饰在整体形象美中的重要性不可忽视。古人云："人面分八格"，这八种类型基本涵盖了人的脸型特征，即呈扁方形的"田"字脸型、面部扁方且上部略尖的"由"字脸型、呈长方形的"国"字脸型、面部长方而下部略尖的"用"字脸型、窄长的呈马脸形状的"目"字脸型、呈鸭蛋形状的"甲"字脸型、宽腮帮的"风"字脸型、两头尖呈枣核形状的"申"字脸型。

2. 脸型与发型的关系

（1）利用发型弥补头型缺陷。人的头型有大、小、阔、扁、圆之分，颈项则有长、短、粗、细之别。它们之间各有交叉，比如头有大而扁、小而圆、长

而尖的特点，颈有细而长、粗而短等特点。在处理发式时，要根据人的脸、头、颈等特点来协调平衡，弥补各种缺陷。

① 遮蔽法。主要是利用头发纹路组合成适当的线条或块面，以弥补脸型轮廓某些地方的不足。在视觉上把原来比较突出而又不够完美的部分遮盖掉，冲淡突出的部分，使长脸看上去不长，圆脸看上去不圆（呈椭圆形）。比如，用"刘海儿式"遮挡过高的前额，或以"双花式"遮挡两侧过宽的额角等。

② 映衬法。这是利用两侧和顶部的一部分头发进行衬托，有意将部分头发梳得蓬松或紧贴，以增加或减少某一部分的块面，改变其轮廓，分散原来脸型过于扁平、瘦长、狭窄等感觉。例如圆脸型，可使顶额头发向上，梳得高而松，下额两侧紧缩些，使脸型拉长；如果是平脸型，发型的起伏要大，借以增加脸型的立体感；如果是凹凸较大的脸型，一般宜梳线条柔和的发式，线条的起伏要适当，以免对比失调，不能取得柔美的效果。

③ 分割法。主要是通过对头发面积的分割和堆积来配合脸型，使脸型看上去有开阔或缩小的感觉。额宽

的脸型头部发量要分得高，可以减少宽的感觉；窄长脸则头部发量要分得低，使额部显得宽阔。

④ 填充法。利用头发和饰物来填充某些部位的不足。脸型较宽，两侧头发可以适当留长些，顶平的部位梳成前低后高的弧形以进行填充。后脑勺的头发应梳得饱满些，可利用头发本身的条件，梳成束结、盘辫、挽鬏等，运用得当可以起到填补的作用。头部瘪塌，可利用扎结花式发夹、插花或假发等，尽量使某些瘪塌部分显得饱满。

⑤ 映主法。就是说本身脸型、头型、肤色都比较美丽，在制作发型时，应尽量不损害头发的自然美。

（2）用发型弥补各种脸型的缺陷。发型与脸型的关系密切，直接影响人们的视觉，它们之间更需要相互配合。利用发型改善脸型的原则就是利用个体的发质及发量的不同，以头发的造型设计以及用头发掩盖脸型的缺陷而造成视错来达到视觉平衡。

① "田"字脸型的人。他们可以将头发安排在头顶或剪短，女性还可用刘海儿遮住部分额头及脸颊，以此来减少脸的圆度。

② "国"字脸型的人。他们的发式应在头顶加高，

女性可将刘海儿倾斜梳向一边，遮盖方大的额角，同时将头发梳向两边，直垂到下颌，创造出窄长而柔顺的效果。

③ "目"字脸型的人。男性宜采用"香菇"式发型，压抑顶发的隆起，使两侧头发蓬松。女性宜选用头顶呈圆弧或前额有刘海儿的发式，并在两侧向外梳成卷花，以减低脸的长度。

④ "甲"字脸型。这是女性比较理想的脸型，只要注意扬长避短，无论什么发型都美观大方。但从气质上来看，中分头缝、左右均衡的发式更能增加端庄的美感。

⑤ "风"字脸型的人。他们留短发时可将发梢梳向后面，留长发时可梳大卷，以减轻冷漠感。

⑥ "申"字脸型的人则适合各种发型。

⑦ "由"字脸型的人，用自然蓬松的头发堆于头顶，修饰过于突出的头顶，让头部圆润，修剪适量刘海儿遮盖两腮，减少面颊的宽度。

⑧ "用"字脸型的人，头顶头发服帖垂坠，可以减少头部过于长宽，用刘海儿遮挡适量前额，露出尖细的下巴。

美国好莱坞已故化妆大师、艺术化妆创始人之一维尼特·奥曾说,任何人的面部投影都是椭圆形,所以椭圆形是面部的标准形。形象设计师就是通过化妆中的阴影、发型、服装领型、围系各种饰品等手法来使面型趋于椭圆形。

二、发型

发型是一个人仪表的重要组成部分,在人的头部所占比例较为突出。在进行发型设计之前,首先需要考虑的是身高、体态、脸型、年龄、发质、发量等个体自然因素,其次是职业、个性、着装习惯及审美倾向等综合因素。

1. 发型与身高的关系

人们在观察一个人的时候，会将头部的面型和发型作为一个整体来观察，也就是说，一个人在社会环境中呈现的是一个完整的、全身的视觉形象。例如，加大头部体积会让人感觉身体长度变短，不匀称、不协调；大头颅的人若选择大波浪等蓬松发型则更令人感觉头大身子小；身材中等小头颅的人可随意选择多种发型，以流畅、动感的中长发和略带弯曲的波浪式发型为佳；身材高而头小的人若梳简短的发型或紧束的发髻会破坏其整体形象的协调。

2. 发型与体型的关系

人的体型有胖瘦、高矮之分，颈项有长短、粗细之别，合理设计的发型能够弥补身体的不足，改善各部位的比例关系，使人的整体形象得到优化。

（1）矮小的体型。身材矮小的人尽量不要留披肩长发，这样会使身材显得更矮。如果喜欢长发，也要在头顶部做一个发髻或扎一个马尾，这样可将身体的重心上移，掩盖低矮感。采用短发式或超短发型将头发与头廓融合，再适当做一些波纹，这样看上去轻巧活泼，而重心低的感觉也会缓和一些。

（2）高大的体型。身材高大的人应选择线条优美的蓬松发式，如柔美的长波浪、齐肩的流线型、长长的马尾式。如果选择超短发型，会显得身材高大而单薄，整体形象不协调。

（3）颈长的体型。脖子长的人比较容易选择发型。在做超短发型时，要注意颈背部的修饰，以免显得讨干单调。可以将颈背部的头发留得稍长并做一些小的卷曲，这样既不单调，又能显示优美的脖子。用带花边的立领、真丝围巾或者项链装饰也可弥补这种冷清感。

（4）颈短的体型。脖子短的人不宜留长发，这样容易造成脖子更短的感觉。选择短发型，将颈背部头发留得稍长，两鬓的头发向后掠，发尾向外翻卷，这样会显得脖子稍长一些。

（5）后枕部扁平的头型。后枕部扁平的人宜选择短、中长发型，它们比长发要好些，头发在头顶和后脑勺之间稍隆起些，这样可以掩盖扁平的不足。

（6）头部比例较大的体型。头部比例较大的人不宜选择头顶部蓬松高耸的发型，以免使头部显得更大。

（7）肩宽臀窄的体型。肩宽臀窄的人宜选择下部头发略显蓬松的发式，留披肩发或扎长马尾，以发盖肩，这样可以分散肩部宽大的感觉。

（8）上身比下身长或下身与上身等长的体型。上身比下身长或下身与上身等长的人的发型宜选择略长一些，这样可以掩盖其上身过长的缺陷。

三、体型

人体是自然的造物，"人体也许是最早的艺术表现对象之一"。绘画、雕塑多热衷于表现人体，而形象设计艺术则是实现人由自然属性向社会属性转化的实用艺术。但是，现实中的人，或者说人体，总会有这样、那样的缺陷或不足，毕竟，完美无缺的匀称体型太少了。因此，在学习形象设计的过程中，必须对体型有深入的了解，并能较好地掌握关于如何改善体型的知识。

1. 体型的概念

简单地说，所谓体型就是指人体最外表的"形"。骨骼、肌肉和皮肤是形成体型的三大要素，而其中与体型关系最为密切的要属皮肤，因为皮下脂肪在全身的厚度是不一样的，这样就形成了各种不同的体型。另外，从服装构成的角度看，还可以把躯干分成肩、胸、腰、腹、臀几部分。一般来说，身材匀称的人，其身体各部位比例恰当，视觉上让人感觉很协调。但是，不同地域、年龄、性别，甚至职业、爱好的不同，反映在人体比例上也都是不同的。

2. 与人体有关的比例关系

提及体型必然联系到"比例"一词，比例是艺术形式内部由数量关系产生的平衡关系。实质上是指对象形式与人有关的心理经验形成的一定对应关系。给人以美感的这种关系就被称为"比例适度"；反之则被称为"比例失调"。在形象设计中，与人体有关的比例关系，大体有三种：黄金分割比例法、基准比例法和百分比法。我们在本书的其他章节中已有详细论述。

3. 标准体型的特点

一般而言，标准体型是相对于一个人的身高来对其各部位进行围度的尺寸测算与权衡，并依据视觉对其身体外形的高矮、胖瘦、宽窄等目测尺寸和比例均匀与否的综合尺度进行判断，以此来确认其体型的标准与否。大致的标准可以用如下以基准比例法测算来的基本尺度为例，如中等身材的标准大致是：身体比例为7个半头身或8个头身，上身的坐高至少为全身高的1/2，或下身比上身略长一些；两臂垂下，手的中指指尖到大腿约一半处；小腿比大腿长，整个腿部粗细、长短匀称，膝盖部分应线条柔和，髌骨与腿部相比纤细柔和；胸围84～88厘米，腰围62～65厘米，臀围88～92厘米，肩宽37～40厘米。在西方，胸围和腰围、腰围和臀围的标准差数较东方人略大些，一般在30厘米左右。事实上，标准体型的评判是需要严格的测量和准确的目测共同权衡而完成的。

4. 六种基本体型

人体不论高、矮、胖、瘦，都可以归纳成以下六大类，如下图所示。

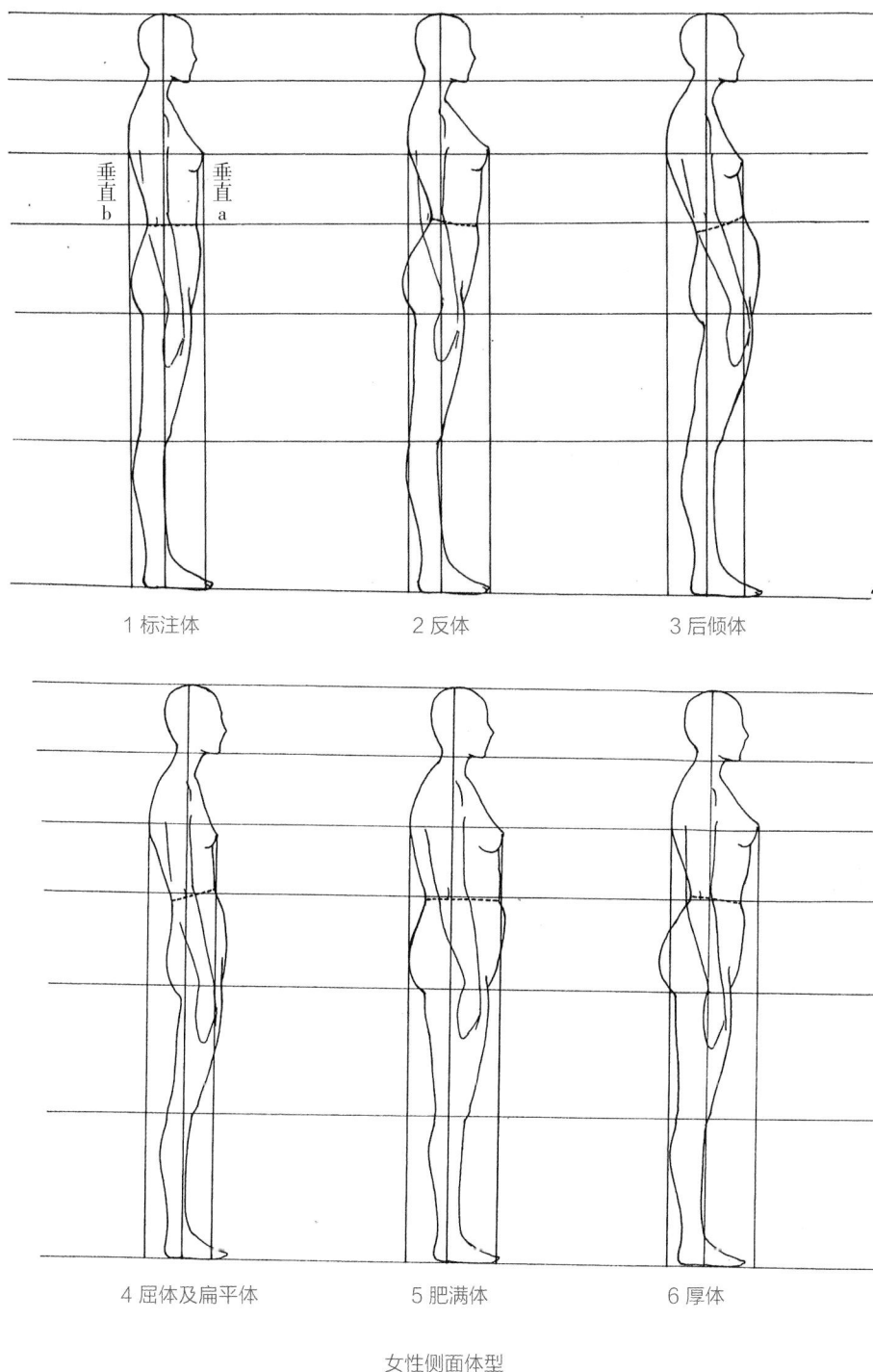

| 1 标注体 | 2 反体 | 3 后倾体 |

| 4 屈体及扁平体 | 5 肥满体 | 6 厚体 |

女性侧面体型

5. 利用服装改善体型

所有人都有体型上的优点，同时也有体型上的缺点，聪明的着装意味着强化体型上的优势并使劣势降到最低，使整体着装效果得到提升。

6. 色彩与体型

通过前面色彩章节的学习，我们知道色彩能够给人造成视错觉，从而改变人的体型。因此，我们在选择服装、首饰、衣饰和化妆品时，必须考虑体型与色彩的关系这个非常重要的因素，以塑造优美的外在形象。下面就以与体型有着密切关系的服装色彩为例来说明色彩与体型的关系。

（1）浅色调服装与体型。一般来说，浅色可以给人丰满感。浅色服装及暖色调、亮度大的服装，会给人在视觉上产生一种扩大物体体积的作用，如红色、黄色等，能使人显得高大、丰满，最适宜身材瘦小者穿着。对于体型太胖的人来说，最好选择冷色调的服装，这种体型的人若夏天穿上白色、浅灰等颜色的裤子，冬天穿上浅色的外衣或罩衣，看上去会显得比其本来面貌更臃肿、更笨拙。体型高大的人最好也避免穿浅色调和大花朵等色彩鲜艳、亮度大的服装，应该选择深色、单色或色调柔和的服装，那样会显得稳重、娴静、安详、可亲。

（2）深色调服装与体型。与浅色调相反，深色调的服装给人以收缩感，如深绿、暗蓝、蓝紫等，能使人显得瘦削、矮小，适宜体型高大和过胖的人穿着。例如，体型肥胖的姑娘，适宜深蓝、

墨绿、深黑和咖啡色的服装，而不宜穿着色彩太多、太鲜艳、冷暖对比太强烈或有横条纹、大方格的服装。身体消瘦的人，应尽量避免穿色调过于灰暗的服装，应该选择浅色及暖色调，或花色鲜艳的服装，以使自己看上去显得丰满些，穿横条或方格花纹的服装，也能显出匀称和健美。对于矮个子来说，最好不要穿深色调或灰暗的服装，不妨选择色调浅、亮度大的服装，例如穿上浅灰色的服装，再配上亮度大的帽子，会显得比原来高一些，但切勿将亮度大的鞋子和帽子配在一起穿戴，否则，就会产生相反的效果，显得比原来更矮。

（3）用色彩弥补体型的缺陷。对于体型有缺陷的人，也可根据色彩的规律，结合自己身材的特点，科学地进行配色，以获得较为满意的效果。如窄肩身材的人，下身的穿着应偏向较深的颜色或者穿同一色调的服装；长腰节身材的人，就要选用全身统一色调的服装，或者上装的颜色要深于下装，因为浅色会给人以丰满感，深色会给人以收缩感，这样就会给人腿部增长的感觉，让人觉得体型匀称；臀部过大，胸部又不丰满的人，最好选择深蓝色的裙、裤，再配上浅粉色的上衣，这样便会起到扩大胸部而收缩臀部的作用，使体型变得优美而丰满；而臀部窄小、腿部肌肉不甚发达的人，则最好选择浅色的衣料制作裙、裤，以便扩大、突出臀部，使这一缺陷得以弥补。

第二节　化妆造型与服饰搭配的整体协调

　　"小山重叠金明灭，鬓云欲度香腮雪。懒起画蛾眉，弄妆梳洗迟。照花前后镜，花面交相映。新贴绣罗襦，双双金鹧鸪。"温庭筠的一首《菩萨蛮》，将女子美丽的容貌、雍容的服饰和梳洗打扮的姿态描述的婉约柔媚，反衬了主人公孤芳寂寞的心情。自古以来，化妆打扮就是能够唤起女性自信的灵丹妙药，化妆能够让人精神焕发、放松心情、消解疲劳，甚至延缓衰老。

　　在用草葛兽皮裹身的远古时期，人类使用贝壳、兽骨、玉石等来装饰身体，他们还将彩色矿石磨成粉末加水涂抹绘画在身体上，可见在人类服饰发展的初期，化妆品和服饰品是没有分别的。随着物质生活的丰富，越来越多的物品被应用在化妆中，服饰用品也逐渐丰富起来，化妆品和服饰品因为数量的增加被区分开来，但依然是相辅相成不可分割的两部分。

　　一个和谐完美的个人形象是由人的面容、身材、气质、谈吐等各方面综合作用形成的，化妆造型和服饰搭配的协调统一才能呈现完美的个人形象。

一、化妆与服装在色彩上的协调

　　妆色与服色的协调关系包括统一调和与对比调和。统一调和可以是色相相同而明度和纯度有所相异；对比调和是一种以变化的美为主的异质调和，该调和应注意色调的形成。在针对服装色彩来选择化妆形式时可以遵循以下原则。

1. 妆色和服色的统一调和

所谓统一调和，可以理解为化妆色彩与服饰色彩在色相上较为接近或相同，由于其在色相上既有共性又有变化，所以非常容易获得色彩搭配上的视觉平衡。这种类型的色彩组合容易使人产生统一和谐、平稳安静的感觉，但同时也会令人感到单调乏味。例如，暖色调的服色可选择米、黄等暖色调的妆色，冷色调的服色可选择蓝、绿等冷色调的妆色，这样，便可取得视觉上的和谐。

2. 妆色和服色的类似调和

所谓类似调和，可以理解为化妆色彩与服饰色彩具有近似的统一感和适当的变化。这种妆色与肤色的调和关系所产生的视觉效果既明快又不冲突，是较为常见的一种调和形式。如当妆色近似于服色，而服色又不过于明亮，那么，上妆后的眼睛会显得格外引人注目；相反，若服色过于明亮，那么，势必会使眼睛黯然失色。所以这样的色彩搭配应注意不同颜色组合所形成的色彩的视觉倾向，也就是色调。

3. 妆色与服色的对比调和

所谓对比调和，可以理解为化妆色彩与服饰色彩是对比色相的色彩组合关系，也就是在色形环上相对位置的颜色的搭配，由于其在色相环上的距离较远使得各自的色彩面貌尤为突出，所以给人以强烈的感觉。这种调和关系是一种以变化的美为主的异质调和。例如，若服装鲜艳明亮或为冷暖调的混合色，那么，妆色可以选择色彩倾向不太明显的颜色或以接近无彩色为佳。这样的色彩搭配情况下，应注意不同色彩的纯度变化以及色块面积的比例关系。

二、化妆与服装在造型上的协调

化妆与服装在造型上的统一主要体现在风格的统一。

1. 风格的统一

形象设计是一个整体的概念，化妆与服装作为其必不可少的构成要素与重要语言，必然要求风格上的统一。而这种统一首先体现在形象设计的功能上，也就是人们为了什么样的目的而进行打扮。如果一个人要参加公司会议，那么他的服装和化妆就要尽量干净利落，而不是繁杂啰唆，这种场合下干净利落就是一种风格。这时，我们在进行形象设计时就应该注意服装和化妆的造型都应该简洁明快，一般以直线为主，局部可以有一些曲线，以免过于呆板，避免使用夸张的造型；如果要参加晚宴，那么她的形

象就应让人看起来高贵优雅，这时高贵优雅就是一种风格。此时的服装和化妆在造型上可以夸张一些，多用曲线而少用直线。

2. 统一的元素

化妆与服装在造型上的统一主要是通过服装来体现的。因为服装在整个形象中的面积最大，在根据场合、目的等综合因素选定服装后，我们就可以根据服装造型上的特点来进行化妆的设计。

（1）点、线、面、体等形态要素。就是以服装中最为突出的点、线、面特征来设计妆面。例如，服装的整体造型风格以曲线为主，那么化妆也可以进行曲线造型的设计，这些曲线可以主要体现在眼影上。

（2）服装面料的图案花色。就是以服装中的某一图案为基本元素进行妆面的设计。

（3）服装整体中一些个性的局部来进行统一。就是以服装中颇具个性特色的局部为灵感对妆面进行设计。例如，服装中的纽扣、领型、口袋及袖口、底边等都可以抽象到妆面的造型中，使两者达到造型上的和谐统一。

三、化妆与服装在材质上的协调

材质上的统一协调主要是指化妆品的材质的选用应以服装面料的材质为基准。化妆品的材质包括粉质、油质、水质；服装面料的厚薄、粗细、光泽、质地、肌理等制约了化妆品的颜色及品质的选择。

第三节　服饰搭配与整体形象的统一

服饰已经不仅仅是美化人自身的艺术，它已成为了一种无声的物体语言。正如美国学者所说："在我们的文化中，衣着与保温、遮体的功能不再相关。当今社会里，衣着提供了你本人的信息。从你的穿着，别人可能会得出关于你的社会地位、年龄和经济水平的信息，衣着是用以让别人对自己形成固定看法的一种强有力的非语言交流形式"。

美国作家马克·吐温的小说《王子与贫儿》叙述了一个离奇的故事：16世纪英国都铎王朝时，王子爱德华一时心血来潮，与贫儿汤姆交换了服饰，结果被卫士逐出宫外。尽管他再三申明自己的真实身份，结果得到的不是哄笑就是拳打脚踢。王子爱德华从此过了一段真正的贫儿生活，直到他的舅舅把他认了出来。小说的故事是虚构的，但从中可以看出，人们在交往时，总是从服饰来判断他人的身份地位，并相应地决定对待他的态度。服饰不仅是人们日常生活中的必需品，同时又是一个人的"名片"。

服饰只有穿在人身上、与人结合时，才能充分显现它的魅力。服饰对人体的线型起到扬长避短的作用。服饰美的最高境界是"和谐"，当服饰形象设计的各个元素组合达到衣(服饰)、形(人体)、神(气质)三者高度和谐时，服饰就是美的。

一、服饰搭配的TPO原则

TPO原则的概念，是日本男用时装协会(MEU)于1963年提出来的。当时正值东京举行奥林匹克运动会的前一年，他们希望借助运动会期间的国际礼服来推进日本男装的时装化。TPO原则一经提出，便迅速得到传播，传遍全世界。当前世界服装界公认的审美原则就是TPO原则。TPO是英语Time(时间)、Place(地点)、Occasion（场合）的缩写，表示选择服饰要与时间、地点、场合相协调。现在TPO原则已经脱离了最初推行男装时装化的原意，成为大家共识地选择服饰的原则。

T(Time)是线型概念，泛指早晚、季节、时代等。早晨的户外活动着运动衫最适宜，晚上看戏或赴宴就要穿着整齐端正。冬天的衣着应轻厚保暖，夏天的衣着要凉爽透气。我国历来享有"衣冠王国"的美誉，各个时代的服饰都体现了不同的特点。如果说古代的服饰变化显示的是每个朝代的不同特色，那么当代服饰最引人注目的特点就是款式的高速更新。

P(Place)是面型概念，泛指场合、环境、地域。世界服饰史是由全球各个国家在不同地域共同创造的。据统计，全世界拥有二百多个民族，分布在世界上所有能够生存的地方。不同地域、不同民族的服饰独具风格，韵味无穷。在众多的服装风格流派中，法国、意大利、美国、日本的服装对全球服装的发展影响较大。法国时装历来讲究形式华美，价格昂贵，巴黎时装曾经是西方公认的典范；意大利时装既讲究新颖别致，又注意舒适实用，比较大众化，米兰时装已成为巴黎时装强有力的竞争对手；美国时装时尚前卫，都市街头风格，注重时尚休闲感，已逐渐被国际认可；日本时装严谨的制作工艺，科学规范的打板技术，简洁大方的风格，在国际上已占有一席之地。这就为服饰的选择提供了更为广阔的天地。

O(Occasion)是线面兼容的概念，体现服饰的综合效果。戏曲界有句名言："穿破不穿错。"意思是说，什么人什么时候什么场合穿什么，都要讲究适度。现代服装分为礼服、便服、职业服三大类型，不同的场合就要选择穿不同的服装。

礼服是参加宴会、婚礼、丧礼等庄重仪式时穿的正规服装，按仪式的种类和规模的不同而区分。过去，男式礼服分为正式礼服和半礼服两种，正式礼服白天为晨礼服，晚上为燕尾服。近些年来，服装设计趋于简化，男式礼服均以黑色西装套服代替。女式礼服花样繁多，白天社交场合穿的午后服装多为连衣裙，晚间则为晚礼服。

便服是日常生活中随意穿着的服装，视具体情况而定，不受特定格式限制，可以随心所欲地打扮。其中，市街服常常进入新潮时装的领域。

职业服的特点是以社会因素为前提，不强调个人的因素，所以要求具有一定的社会形象特征，是一种比较正规的服装。

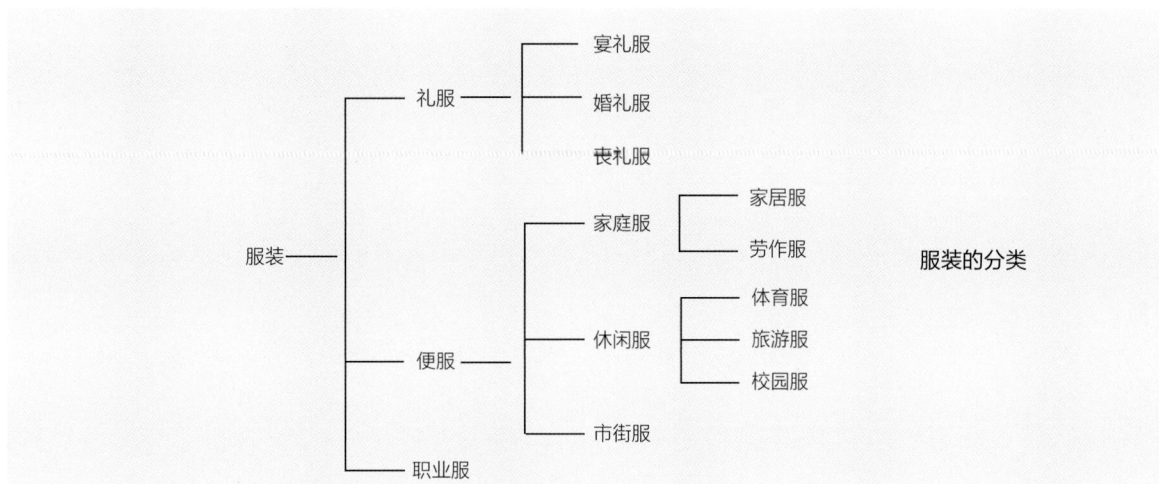

服装的分类

二、利用廓型线改善整体形象

　　现代服装追求的是形体美，或者叫做"曲线美"。但是大多数人的形体往往都有各种缺陷，十全十美的形体几乎没有。这就需要想出一些办法来改善形体，化拙为巧。对形体美的追求可以从服装廓型线和人的体型这两个方面着手。

　　服装廓型线是指服装被抽象化了的整体外形，讲求的是整体的大效果，可以借助它来改善整体形象。廓型线是20世纪以来服装设计师的伟大发现，他们利用廓型线设计了不同效果和风格的服装。常见的服装廓型一般包括以下几种。

苗条线型。它的特点是贴合身体的曲线，是女性理想的曲线比例。比如曾经被多数人公认的东方女性理想的曲线比例，即身高163厘米，胸围86厘米，腰围60厘米，臀围89厘米。根据这些尺寸加减，按比例缩放，便可设计出好看的苗条线型服装。

丹度尔线型。它是以奥地利姑娘所穿的民族服装丹度尔而得名，是典型的姑娘线型。其特征是上方抬耸而加宽，通常的式样是上装泡泡袖，中间紧贴腰线，下身是有大量束褶的丹度尔裙。

自然线型。它是指舒适而顺应自然曲线的线型。它不像苗条线型那样紧贴腰线，也不像丹度尔线型那样把上方和裙子耸起。这是一种最普遍、最常见的线型，女性连衣裙通常采用这种线型，男性的穿着也常取这种线型。

喇叭线型。其整体特征是呈喇叭形。主要在于裙摆的处理，上身和腰线不甚强调。上装合体，没有臀线，臀以下才是衣裙设计的变化之处，所以又称为"美人直线型"。喇叭线型是当前女性最时髦的线型之一，常见的鱼尾裙、六瓣裙等就是这一线型的代表样式。

上贴下散线型。它与喇叭线型近似，但上贴下散线型在臀以上的上半身取紧身线型，而臀以下则用开散裙式。晚礼服常取这种线型，给人以雍容大方的印象。

公主线型。近似上贴下散线型，但公主线型不采用横向的接缝线，而是采用纵向的接缝线，称为"公主线"。这种线型的纵向接缝会使人产生错觉，使体形偏胖的人看起来显瘦，常用于女性的连衣裙、大衣或短外套设计。

H线型又称直线型或筒线型。其特征是取圆柱的轮廓形状，整体呈长方形，强调左右肩幅，从肩

端处直线下垂至衣摆处。H线型具有简洁大方、端庄稳重的特点，是男女共用的长久流行的常见廓型。

长身线型又称长上身直筒型。女性的低腰裙、男性的外套都经常采用这种线型，是男女共用的常见线型之一。

T恤线型或T字线型。如流行的T恤，袖子垂直于衣身，两臂左右张开时形如T字，所以得此名。这种线型刚劲帅气，是男式休闲服的主要线型之一，也经常被女式服装采用，是男性化风格的典型样式。

盒形线型又称"短盒线型"。其特点是上身为短盒外套，即肩线紧贴的直线廓型外套，下身为短裤。这种廓型原本为男性所用，近年来女性也开始采用。

沙漏线型。它是一种两端大、中间小的曲线型，因形似沙漏而得名。这种线型上装因强调肩宽而比较宽大，下装比较贴身，腰间束以腰带，给人俏丽动人的印象，显现女性秀美的婀娜身姿，深受女性喜爱。

X字线型。如果把沙漏线型的裙脚张开，便是X字线型。X字线型的特点是强调腰部，腰部束紧，呈整体造型的中轴。肩部放宽，下摆散开，都是为了突出腰部的曲线。这种线型突出了女性曲线的全部美感，是西欧女性最喜爱的线型之一，一般正式的大型宴会和社交活动的礼服往往采用这种廓型。

郁金香线型。它的整体造型就像一朵含苞待放的郁金香花。这一线型的特点是裙摆收小，将女性的曲线美充分地展现出来。经久流行不衰的一步裙就是这种廓型的典型款式。

A字线型又称"正三角线型"。是一种整体向衣脚散开去的廓型，看上去像一顶帐篷，所以又称为"帐篷线型"。A字线型廓型优美，给人以稳定感，是男女都喜欢的一种线型，多用于长外衣的设计。

V字线型又称"倒三角线型"。正好与A字线型相反，强调肩宽，然后直往臀部收缩，下半身取贴身线条。这种线型具有强烈的男性化风格，肩部夸张，潇洒刚劲，特别能显现矫健的身姿。不仅为男性所钟爱，也是女装男性化风格的主要线型。

气球线型。其特点是中间鼓起，像个气球。由于这种线型的造型像个水泡，所以又称"水泡线型"。现在流行的上穿夹克、下着长裤的造型就是这种廓型的典型代表，男女通用。

腰鼓线型。类似气球线型，但气球线型鼓起的部分在上衣，而腰鼓线型近似竖立起来的腰鼓，两头小、中间鼓是整体的造型特点。这种线型也形似酒桶或花瓶，因此又被称为"桶线型"或"花瓶线型"。1990年流行开来的蚕茧式的设计款式，就是这种廓型的代表样式，也是男女通用的廓型。

宽大线型。是一种轮廓宽阔、容量较大的廓型。其特点是宽松，轮廓不要求明净结实，给人以潇洒飘逸之感。从广义上说，H字线型、A字线型、V字线型、气球线型、腰鼓线型，都是程度不一的宽大线型，均为男女所通用。

这些常见的廓型，有的适合女性，有的适合男性，有的男女通用。男性美的内涵是刚性美，西方美学称之为"壮美"，中国传统文化称之为"阳刚之美"，它已成为男性美的美感特征，是超越民族差异的人类审美共识。这一特征决定了男装的表现特点。中国传统男装以量感扩大来表现男性特点，西方则以宽肩来展现雄性风范。所以只要夸张肩部，展宽胸部，收紧臀部的廓型线，如T恤线型、V字线型、H线型等都适合显示男性的人体美。而女性美的内涵则是柔性美，西方美学称之为"优美"，中国传统文化称之为"阴柔之美"。优美感是由女性的曲线特征与肌肤的弹性感构成的。女性因年龄的不同，在形体上会出现较大的变化，形成青春美与成熟美两种审美评价。例如，成熟女装的审美标准是曲线美，造型为S型。曲线美在古代西方是通过突现乳峰、紧束腰部、强化臀部来体现的。现代女装废除了夸张的造型，转向自然，表现的中心也由女性胴体曲线转向女性身形的整体线条，如苗条线型、X字线型、沙漏线型、郁金香线型等都是适合显示女性形体美的廓型线。

三 、利用装饰线改善整体形象

每件服装都有两种装饰线，一种为外装饰线，一种为内装饰线。装饰线是外衣很重要的一部分，因为视线会随着装饰线而转移，它们影响着服装的外观。外装饰线和内装饰线可以使你看上去高一些、矮一些、苗条一些、结实一些，或将注意力吸引到身体的某一部位。

四 、利用服装局部细节改善整体形象

廓型线主要给人以整体印象，但只给人以整体印象还是远远不够的，更需要注意细节。如何利用局部细节扬长避短，也要费心斟酌。这里重点介绍一些利用形和色造成视错，从而掩盖缺陷的具体方法。

1. 脸

领子处于服装的最上端，与脸部的距离最近，领型可以衬托脸型。领型与脸型配合的原则是穿对比形的领型。"田"字形、"由"字形脸型的人，适合穿角领、"V"字领、双翻领，这样能够减少脸型的棱角感；"国"字形、"用"字形、"目"字形脸型的人，适合穿圆领、高领，尽量减少颈项外露的面积，掩盖脸型偏长的缺陷；"风"字形脸型的人适合穿尖领、"V"字领，可给人造成脸型拉长的错觉，缓解大腮帮的感觉；"申"字形、"甲"字形脸型的人，除不宜采用同脸型相似的"V"字领和尖领之外，其他领型均合适，特别以配大翻领最美。

2. 颈部

颈部主要有颈长、颈短、颈粗三种情况，利用发型、领型、项链可以掩盖颈部的缺陷。

一般认为颈长的人是美丽的，但是颈部过长、过细或过长、过粗也并不美观。颈部过长不适合穿"V"字领、圆领，最好穿有领子的上衣，再戴上一条项链。

肥胖的人多感颈短。敞开的衣领、"V"字领、"U"

字领都是最适合短颈者的款式。此外，要尽量避开圆领、高领、竖领、套头翻领等款式。颈短要选择系轻软秀气的小围巾，尽量避免系厚重宽大的大围巾。

颈粗的人要穿小圆领，避免穿大圆领，大圆领会使人感到颈部更粗、更大。最好能戴一条紧贴颈部的项链，可以让人产生颈部变细的错觉。

3. 肩部

肩部的形状有"T"型、"Y"型、"个"型三种，利用肩缝、领型、肩饰，可以掩盖肩型的缺陷。

"T"型肩是标准肩型，有"天然的衣裳架子"之称，肩线正好落在肩骨上，不需要更多的肩饰来衬托它的美丽。

"Y"型肩即耸肩，肩型过高，只要去掉垫肩就可以了。"Y"型肩一般肩部较宽，不宜采用一字领、船形领、直线领、高领、套头领，这些领型都会使肩部显得更宽。如果采用"V"型领、"U"型领、大圆领、匙形领等，就会使肩部显得窄一些。"Y"型肩不需要在肩部装饰，也不要带肩章，如果戴上饰物或肩章，会增加肩部的上耸感和宽度。

"个"型肩即溜肩，肩形过低，与"Y"型肩正好相反，最好加个垫肩，同时将肩缝落在肩骨之外，让人产生肩部增宽的错觉。"个"型肩一般肩部较窄，应尽量避免穿连肩袖、日本和服式袖及蝙蝠衫，采用"V"型领或小领比较合适。肩章或复杂的肩饰可以增加肩宽的感觉，对"个"型肩来说很合适。

4. 躯干

躯干形体的缺陷，突出的有"q"型、"p"型和"d"型三种，一般利用服装的肥瘦、长短等来掩盖各种缺陷。

"q"型躯干的特点是挺胸，前胸丰隆。掩盖大胸的主要方法是上装取宽松式，穿松而垂的上衣。如果穿贴身弹力上衣，会更加突出胸部。另外，任何垂直的线条都有缩小感，如直缝、公主线、长条切口、长排

纽扣、加长项链等，都能造成缩小宽度的错觉。要尽量避免在胸部出现水平线条，如齐胸的袖口、水平横缝等。"q"型体形的人下装宜膨大一些，面料宜厚一些，采用灯芯绒马裤、束褶裙之类，可以与上衣取得平衡。如果必须要用腰带，应尽量选择秀气的、小巧的窄腰带，最好与衣料同色。

"p"型躯干的特点是驼背，前胸宽过小，背宽过大。选用服装的方法与"q"型体形差不多。服装以松身舒缓的廓型线为宜，各种背心效果也不错。女性可以利用胸罩改善前胸过小的缺陷。在前胸采用粗针缝、波形褶、饰带之类，也可以改善胸小的体形。

"d"型躯干的特点是胸部挺起，腹部突出，服装应以宽松为原则。最好穿上下装分开的款式。上衣以前面开口为宜，前面的扣子正好可以掩盖凸起的腹部。穿短摆上衣效果较好，但千万不要将上衣束进腰里。"d"型体形一般腰粗，使用腰带要谨慎，适合束窄细或与衣料同色的腰带。不束腰带，服装设计采用公主线，或只在腰部压一道缝线，效果也很好。下装不宜采用束褶裙、马裤之类的款式，因为它们会使人显得臃肿。

5. 腿部

腿部有"H"、"X"、"O"三种类型。"H"型是标准型，穿着什么款式都好看。"X"型即外八字型，"O"型即罗圈腿，都有明显的缺陷，适宜用觉松的长裤或长裙将腿部遮盖起来，切不可穿显露腿形的短裤、短裙、紧身裤和健美裤之类。

腿短、腿粗的人体形也不美。腿短的人可以把腰线往上提，再穿上一双高跟鞋，就会给人造成腿拉长了的感觉。腿短、腿粗的人要少穿裙装，即使穿裙装，裙装与袜子最好一个颜色，让它们浑然一体，这样也可以造成错觉。腿短、腿粗的人要多着裤装，穿裤子时最好采用竖条纹的，使人视线上移。腿粗的人最适宜穿宽松的暗色裙子或裤子，形成一种收缩感，让人显得瘦一点。

五、利用配饰改善整体形象

1. 配饰的分类

　　廓型线、造型手段等主要是利用错视来掩盖形体的缺陷，而选用配饰则主要是通过吸引视线来扬长避短，它们的目的都是为了改善整体形象。

　　通常，可利用的配饰有首饰、衣饰和携带物三类。

　　（1）首饰。首饰泛指全身的小型装饰品，在人们的整体衣装中起着画龙点睛的作用。一般女性首饰有发卡、耳环、项链、脚链、手镯、戒指、胸花等；男性首饰有戒指、项链、手链、袖扣、领带夹等。

　　人们常用的首饰可分为两大类：一类是保值首饰，着重原料的贵重和加工的精细，以珍贵取胜，不受流行的影响，具有收藏价值；另一类是时装首饰，着重款式的新颖和变化，以时髦取胜，料质是次要的，价格便宜，可随时变换，不具备收藏的价值。

　　首饰在形象设计中往往起着重要的装饰点缀作用，对整体形象的表现效果具有衬托、配合甚至是画龙点睛的作用。但是，佩戴不合适的首饰不但不会增添光彩，反而会破坏整体形象。在选戴首饰时，应注意以下四点。

① 首饰的选戴要以服装为依据。原则上是穿什么质地的服装就应搭配相应质感的首饰，穿什么风格的服装就应搭配相应风格的首饰。身穿高档丝绸或毛料制成的晚礼服参加宴会或舞会时，不妨选戴镶嵌钻石的真金首饰，这样才能显示出高雅华贵的风采，并与宴会或舞会的氛围协调。身穿混纺面料时装去度假或旅游时，最好选戴中低档款式的新潮奇特首饰，既活泼又时髦，更不必顾虑会遗失。身穿办公服或工作服去上班，就应选戴款式简练大方的首饰，既增加了对服装的装饰，又调节了工作中的紧张气氛。例如形象主体所佩戴的首饰采用了服装图案的形态——点的元素，整体形象上下呼应，浑然一体。

② 首饰的选戴要特别注意造型款式和色彩上的呼应和配套。常见的配套方式有耳环与项链两配套，耳环、项链、戒指三配套，耳环、项链、戒指、手链四配套，耳环、项链、手链、戒指、胸花五配套等多种类型。首饰的色彩要根据不同场合、不同环境、不同服装来进行搭配，但色彩不宜过多、过杂。在我国东北地区，冬季较长，服装厚重保暖，大型的黄金马镫戒指、大耳环和色彩鲜艳的宝石首饰十分走俏。南方地区气候温暖，服装单薄清爽，色彩淡雅、玲珑剔透的小型首饰就成为热门货。有些艺术修养较高的人，往往会根据自己服装中的一个主要色调来确定首饰的色彩，甚至就采用自己服装的面料来制作首饰，自然和谐，独具个性。

③ 首饰的选戴还要注意切合人物的身份，表现出每个人不同的气质和风度。中老年女性，身穿适体的旗袍，耳戴一对小巧的金耳环，手戴一个细细的镶宝石闪光戒，显得格外端庄大方。年轻的姑娘，身穿飘逸的连衣裙，温柔淡雅，佩戴款式活泼的新潮首饰，既清纯又现代化。

④ 首饰的选戴还必须遵从约定的习俗。如戒指通常应戴在左手，戴在不同的手指上表示不同的含义：戴在食指上表示想结婚，戴在无名指上表示订婚或已婚，戴在中指上表示未婚，戴在小姆指上表示还是一个单身贵族，千万不可戴错了。

（2）衣饰。俗话说："服饰配套四件宝，帽子、鞋子、围巾和手套。"帽子、鞋子、围巾、手套是主要的衣饰，它们与服装配套，可以达到形美、色美、意美的境界。另外，对于男性来说，领带也是重要的衣饰。

① 帽子。头部是人体至关重要的部位，因此在整体形象设计中，帽子被设计师们视为不可忽视的点睛之笔。美的最高境界在于和谐，配戴帽子就要讲究人体、服装、帽子三者的协调搭配。

首先，要根据身材配戴帽子。帽子可以衬托一个人的整体美，所以配戴时要注意帽子与身材的协调。

身材高大的人，不宜配戴高筒帽，那会使人显得更高、更大，也不宜配戴小帽子，那会显得十分滑稽；身材矮小的人，不宜配戴大帽子，更不宜配戴平顶宽檐帽或长毛皮帽，那会使人显得更加矮小。

其次，要根据脸型配戴帽子。运用"相反相成"的原则，会获得扬长避短的效果。长脸型适合选戴方圆、尖形或带大帽檐的帽子，不宜配戴高帽子；尖脸型配戴圆形帽效果最好，不宜配戴鸭舌帽。圆脸型适合选择长顶帽或宽大的鸭舌帽，不宜配戴圆形帽；方脸型除了方形帽之外，可以配戴任何形状的帽子。尤其要注意的是，无论选择何种款式的帽子，都应遵循佩戴帽子之后能够使脸型在视觉上获得比例缩小的原则来进行。

最后，要根据年龄配戴帽子。帽子与年龄相称，才能获得衣冠楚楚的整体效果。儿童天真活泼，应配戴色彩鲜艳、装饰醒目的帽子；青年人朝气蓬勃，帽子的式样和色彩可供选择的范围很广；中老年人庄重沉稳，只适宜配戴色彩较素雅的帽子，装饰也不宜过多。

最重要的是，还应根据服装配戴帽子。牛仔装要与具有粗犷感的帽子匹配；华丽精巧的帽子适合搭配风姿绰约的晚礼服；贵妇型的宽檐帽最好与飘逸潇洒的时装相搭配；活泼的贝蕾帽则适用于随意的休闲装；穿轻便型大衣或风衣适宜配戴便帽；穿厚重的毛呢大衣则适宜配戴厚实的帽子；穿西式礼服就应配戴相应的礼帽。

色不在多，协调则美。人、衣、帽三者的色彩搭配，一般不要选择或使用过多的色彩。在特定情况下，衣帽同色可获得意外的效果。例如，皮帽与皮大衣的领子、袖口同色同质，会表现出高雅华贵的风姿；身材矮小的人衣帽同色，会产生整体连贯感，使身材显得高大一些。在特定情况下，衣帽异色也可获得意外的效果。例如，有意想将整体重心提升到头部时，不妨将衣帽进行强烈的对比配色，如白衣红帽、红衣黑帽等，突出帽子的领衔作用，产生鲜明的节奏感。

衣帽的色彩协调固然会产生整体的美感，而衣帽的款式和谐也同样会显示相映成趣的美感。每种帽子都有它造型的独特之处，其中比较突出的是通过不同线条来体现不同的风格。如垂直线表现力度和严谨，水平线表示沉着与安定，斜线显得活泼和轻快，曲线是雅致和优美的象征，断续线给人以清新、柔和的印象。只要善于把握和领会这些不同的格调，搭配相应款式的服装，就可以显示出非凡的气度。

② 鞋子。鞋子也是衣服，是脚的"衣服"。在引领当今人们衣食住行的各种风尚之中，鞋子也是一种文化，更是一种时尚潮流的体现，而且每个人都在经意或不经意间表现着这种文化。鞋子发展至今，无论款式还是颜色都在不断变化，可谓异彩纷呈、足底生花。例如，自2007年春夏季开始，金属色尤其是金银两色开始风行，满大街的时髦女性几乎都选择了不同款式的金色或银色的鞋子。但是，在这缤纷的鞋的海洋中，不是每双鞋都适合任何一个人的，不能盲从流行，必须根据人体自身的条件及化妆、服装、配饰等外部因素来选择合适的鞋。

夏季，各式各样的凉鞋或拖鞋当是首选。如果脚形秀气，就可以任意挑选大部分款式的凉鞋。但是，又厚又重的鞋子是不能衬托那双秀气的小脚的。若是有一双很有福气的、胖乎乎的脚，则不宜挑选细带子的凉鞋款式，宽度适中的带子会是不错的选择，不会使脚显胖。大脚的女性不宜穿尖鞋头的鞋子，那样会使脚显得更长，方头、圆头的鞋能让人在视觉上感觉脚小一些。

冬季，皮靴自然成为足底装饰的宠儿。皮靴的款式很多，有及踝的低筒靴、至小腿肚的中筒靴，更有高至大腿部的过膝高筒靴。挑选靴子要根据腿形，如果小腿部粗壮，可以选择中筒靴；高至大腿的过膝高筒靴对于个子普遍不高的亚洲女性来说显然有些夸张，这种长筒靴会使重心下移，只能使人看起来更矮小；而腿形不好看的，如"O"型腿、"X"型腿，选择中筒靴会在视觉上修正腿型。

春、秋季节，可以选择的鞋子多种多样，由于气候转暖，着装也轻便，所以鞋子的装饰作用尤为突出。在鞋子与服装的搭配上，要时刻注意的是鞋子的颜色一定要比服装的颜色深，这样会有助于整体效果，而不会

产生头重脚轻的不适之感。黑色鞋子是最安全的选择。娇小身材的人尤其应该注意鞋子的颜色最好与皮包同色或同调，因为颜色差别大会造成视觉分割，使身材看起来更娇小。

事实上，最容易被人们忽视的还有鞋子的清洁和定型保养，这也是除色彩及设计之外彰显鞋子品质优与劣的不可或缺的因素。鞋虽在脚下，但对我们的整体形象设计来说也是极其重要的一个因素。一双合宜的鞋子会使身姿更挺拔、健美，使服装更显光彩，让人足下生辉、精神焕发。

③ 围巾。围巾除了具有遮挡风沙和保暖的作用之外，还能对整体形象起到非常重要的装饰作用。正因为

它能够为整体形象起到画龙点睛的装饰作用，所以，其在一年四季都成为时尚达人们的至爱。

围巾的选配，应与服色和肤色协调，但是不可以选择与肤色接近的颜色的围巾。肤色黑的人要避免选用浅色，宜选用中间色或偏深的色彩，如米色、巴西黄、柿红、铁灰等；白肤色的人要避免选用过强的对比色，宜选用较柔和的色彩，如淡紫、浅蓝、苹果绿、柠檬黄等。围巾与服装的配色，可以选用同色系和对比色系两种方法，充分发挥其画龙点睛的作用。

围巾的种类繁多，按形状分为方围巾、长围巾、三角围巾等，材料有棉、麻、丝、毛等，随着数码织花和数码印花技术的发展，围巾的花纹也突破原有的纹饰变得艳丽多彩。佩戴围巾除了保暖外，还能提供精神上的安慰和鼓励，在黄帝蚩尤时代，那些获胜的兽皮，被作为奖励品发给那些值得肯定的人。丝绸材质的围巾光泽柔和，手感滑爽，印花图案艳丽多彩，使佩戴者高雅华贵；针织类围巾，手感柔软，纹理清晰，坚固耐用，是使用人群最多范围最广的围巾；条纹纹样的围巾是时尚和优雅的绝佳组合，使佩戴者集休闲与知性于一身。围巾除了材质、花纹、形状的不同外，不同的系扎方法也可以提升整体魅力。

围巾的围系方法多种多样，常见的围系方法有：裹饰，是指利用围巾裹头，或将它系结的两角垂在前胸、背后，或用方丝巾束紧头发，垂在脑后；腰饰，是指利用方丝巾束腰，衬托出着装者的个性，流露出一股洗练利落的独特韵味；背饰，是指利用加长围巾后身搭垂，使后身显得颀长，弥补腰围大、臀部宽的缺陷，这样既补救了身材上的某些弱点，又充分表现出穿戴者的美妙气质；胸饰，是指利用围巾美化胸部。

如果将围巾打成活结，巧为系扎，更能增添其不可替代的魅力。例如，古典长巾打法。将长丝巾折成带状，对齐折起，绕过脖子，将两端对打一个活结拉紧，固定于前胸或一侧；亚斯科特打法。将方丝巾摊开，从中央抓起打一个结，将里面翻出来，把相对的角绕至脖后打结，然后将前面下垂部分塞进衣领；扇形打法。将方丝巾反复叠成长条状，握住两端不让褶散开，绕过脖子在前胸用别针别牢，将两尾排开形成漂亮的扇形；麻花绳状打法。将长丝巾两端各打一个结，握住两端拧成麻花状，紧绕脖子两圈，将两端拉到胸前，塞进绳缝里；遮胸打法。将方丝巾对角折叠，贴胸绕到后背，再延伸至前，系一个蝴蝶结束住；传统方巾打法。将方丝巾取对角折叠，对角搭垂背后，绕过脖子在前边或两侧打结。

此外，还可使用丝巾扣来固定丝巾，丝巾扣可使一条丝巾变出多种俏丽款式，让人感觉焕然一新。例如，把方丝巾折半，对角拾起成"W"状，围在颈上，两端穿进扣中，直推至颈前，再把两角拉出，合上丝巾扣，形成蝴蝶结状；把长丝巾在脖子上绕两圈，整理两端，使其一长一短，再将两端穿入扣环，使短端叠在长端之上，合上丝巾扣，形成带状；把方丝巾折叠绕过颈背，两尖端一长一短搭在前面，再将两尖端折成套环，并套进扣环，把套环整理成半圆形，合上丝巾扣，形成斜打

的飘带结；将长丝巾斜披于双肩，手握与胸部同高的围巾穿入扣环。朝左右方向拉出两个交叠的环，并使其中一个环较长，将短环压叠在长环之上，压紧丝巾扣，形成叠压环状。

④ 领带。与围巾类似的衣饰还有领带。领带是西装配饰，男女都可佩戴，但主要用于男性，并且由于男性着装相对单一这一特点，领带便成为了男性着装中突显其着装品位、社会地位、审美习惯等的重要标志。因此，有人将领带称为"男性的象征"。例如，据媒体报道，美国前总统克林顿便是各国领导人中尤其注重个人形象的领导人之一，他那健康活力的亲和外表留给世界各国人民非常深刻的印象，尤其值得一提的是，克林顿对他所佩戴的领带特殊关注。据称，克林顿入住白宫不到一年的时间，他的领带就有近千条，并且安排有近十位设计师为其设计制作不同花色的领带。克林顿会依据当天的心情和所要出席的场合选择将要佩戴的领带。比如，当他参加世界环保会议时，他就会选戴印有金色镶边的蓝色鲸鱼图案的领带；如果参加联合国会议，他就选戴印有万国旗图案的领带；如果参加儿童聚会，他就选戴印有米老鼠图案的领带，等等。所以，领带的色彩、图案、质地千变万化，每一款都能尽显佩戴者个人的内在素养。例如，网状大方格子大度刚强，有刀切的痛快感，能够传达慷慨大方之意；如同阶梯的横条，有层层向上的攀登感，能够展露不断进取的精神；布满面料的小碎点细腻入微，能够表达羡慕关怀之情；比小圆点还要细碎的小碎花，细而多的花纹能够表现温柔和体贴之意；一道道斜纹自下而上，有直冲顶端的感觉，能够显示男性的勃勃雄心；一颗颗三角形，棱角尖锐，有防备感，能够表达谨慎的心态；写实的山水风光、人物鸟兽、车辆建筑，能够明显表示出热爱自然、热衷旅游、崇尚名人等全新的视觉感受；品形方块，沉稳有序，能够增强男性的雄浑力量。

一般来讲，在正式社交场合与公务交往中，领带的图案和色彩应该庄重大方，既不能跳跃出严肃的氛围，

又要彰显个人的非凡气质和审美张力；而在休闲场合，则可以不必过于拘谨，应该贴合不同情形下的环境气氛，同时依据个人喜好，选择符合流行时尚的领带。

领带少不了色彩，选择领带的色彩时，主要应该考虑西装、衬衫和领带三者的配色。用一个成语概括，即"里应外合"，也就是根据西服及衬衫的色彩来搭配领带，使领带不仅能够同时与西装和衬衫搭配协调，而且还能在西装和衬衫之间起到过渡调和的作用。

具体搭配方法有两种，一种是调和色的搭配方法，即西装、衬衫、领带三者色彩基本接近。这种搭配的方法有三类：深一浅一深，如西装为深蓝色，衬衫为浅蓝色，领带又采用深蓝色；浅一中一浅，如西装为驼色，衬衫为棕色，领带又采用驼色；深一中一浅，如西装为藏青色，衬衫为深灰色，领带为月白色。

另一种是对比色的搭配方法。这种方法要求在衬衫和领带中，必须有一种色彩特别鲜艳醒目，与西装的色彩形成强烈的对比，引人注目。如西装为浅灰色，衬衫为蓝色，打一条鲜红的领带。这种配色方法常常受到年轻人的青睐。

领带的面料，以真丝面料最佳。涤丝等合成纤维面料制成的领带也可以在正式场合佩戴。至于羊皮、蛇皮之类的领带，只有在休闲活动中才适宜佩戴。

不仅要善于选择领带，还要学会戴好领带。一些约定俗成的习惯，应该注意遵守。如一般领带的长度应是领带尖正好盖住皮带扣；西服内穿背心或羊毛衫时，领带要放在背心或羊毛衫的领口内，背心或羊毛衫应为鸡心领；戴领带夹时就不能穿背心或羊毛衫，领带夹应扣在衬衫的第三颗纽扣的位置等。

总之，一条领带是男士着装品位的点睛之笔，尽管它没有什么实用的价值，可是已存世了三个世纪之久，现在仍然长盛不衰。

⑤ 手套。手套的历史源远流长，它的历史可以追溯到史前。在已发掘的埃及陵墓里，残存的帝王服饰中就有手套；在我国，长沙马王堆一号汉墓就出土了一双织锦制成的华美无指女手套。关于手套最古老的记载是荷马史诗《奥德赛》，诗中描写尤利西斯回家时，其父拉埃尔特斯正戴着手套在拔野草。

在古代，手套除具有保护和装饰的基本功能之外，同时也被认为是君主权威和神职尊严的象征。宗教仪式中的手套非常华丽，大多使用金银丝线织就，手套的主色为白色，象征着神职人员的纯洁无暇。中世纪时手套还是君主权威的象征，当国王授权给下级时会同时赠送一根于杖和一只手套来加强权威。臣民在接受君主的授予封邑和财产时，必须同时接受君主赠予的手套才能生效。

手套还是男女间情趣的象征，贵妇们会在日常生活中佩戴丝绸或皮革缝制的手套，她们会将手套馈赠他人以示恩宠。参加比武或战争中的勇士们会将心爱人的手套放在头盔中增加勇气。手套还为文学作品提供了灵感来源，胡安·德蒂蒙内达的《温柔的玫瑰》，德国诗人席勒的《手套》等都用手套为题材勾勒了一个个完美的故事。

但是古代手套的那些作用现在大都已经消失。现在的手套一般分为装饰手套和保暖手套两类。装饰手套常在正式社交活动中根据着装的需要，选择不同长度来佩戴，同时，也能够与服装搭配组合，使整体形象更为完整同时使其成为时尚关注的焦点；保暖手套除了保暖的功能之外，还应该与服装的色彩协调搭配，或者与服装达成统一和谐的组合，或者与服装构成对比的调和。

佩戴手套时，要注意遵守一些通用的交际礼仪。西方的习惯，一般男性亲吻女性手背时，女性不必脱下手套；而男性行握手礼时，则必须先脱下手套，否则别人会认为是待人轻慢，是极不礼貌的举动。

（3）携带物。携带物是指随身携带的物品，如提包、扇子、雨伞、眼镜等。它们本来是实用性的物品，但随着装饰美学的兴起，它们的作用日益被人们重视并且在时尚浪潮中充当着重要角色。例如，一年两次的国际四大时装周流行趋势的发布，不仅告知时尚达人们如何穿衣戴帽，而且还令人兴奋不已地推出各大新款提包设计、眼镜设计。携带物的选择原则，仍是要连同整体着装效果一起来考虑，其巧妙之处就在于能够起到画龙点睛的作用。

① 眼镜。眼镜不仅能弥补视力的不足，保护眼

睛，而且还可以作为美目的饰物，表现独特的个性。

选购眼镜，除了镜片要弥补视力的不足之外，还要把握镜架形状与脸型的配合。圆脸型的人应选用方形或几何形的镜架，切不可选用圆形镜架；方脸型的人宜选用两边略翘的椭圆形或圆形镜架，才能掩盖腮骨突出的缺点；长脸型的人宜选用宽大镜架，以减轻脸长的弱点；尖脸型的人切勿戴大眼镜，选用椭圆形或蝴蝶形镜架，这样可以使尖尖的下巴有横向扩张的错觉产生；鼻长的人则宜选戴镜垫在鼻子下方的镜架，有助于缩短鼻子的长度。

选购太阳镜主要在于镜片的颜色。过滤光线最好的是灰、绿、褐色镜；而滤光性最差的是蓝、粉红、淡紫色镜；琥珀色或黄色镜对散射光线具有较强的阻挡力。另外，太阳镜镜片的色彩还要与肤色配合。皮肤红润，应避免戴粉红色镜片；皮肤较黑，适合戴红、黄、棕、黑几种色彩的镜片。

不仅要善于选购眼镜，还要善于佩戴眼镜。眼镜的上框最好齐眉，否则就好像长了四条眉毛。戴眼镜时不要将镜框放低到脸颊，否则会显得老气横秋。

② 提包。各式各样的提包是男女必备的携带物。常用的提包有两类：一类是纯粹为了实用的，如旅行包、背包等；另一类是兼有实用和装饰作用的手提包，又称"手袋"。

手袋的选用标准，主要应与鞋子、腰带搭配。整体色彩、花纹要相互呼应，这样才能显出使用者完美、得体的风度。手袋可与鞋子、腰带使用同一种色彩，也可以比鞋子、腰带的颜色浅一些，还可以在服装中取一色用于手袋，来体现整体美。

手袋的选用，还要根据不同场合、不同季节来确定。上班用的手袋，以质地好、耐用、色彩庄重为好；郊游用的手袋，要以造型新颖、色彩艳丽为主；赴宴用的手袋，就要华贵一些；冬天用的手袋，要色彩深沉、质料厚重；夏天用的手袋，要色彩明快、质料轻薄。

手袋的选用，也要根据每个人不同的体型、不同的气质来确定。体型矮胖的人宜用体积小的；体型高胖的人宜用体积偏大的；身材瘦小的人最好携带小巧

玲珑的；身材瘦高的人则适合各种造型的，但不可走极端，太大或太小；文静清秀的人宜用精巧柔和的，更显出文雅的气质；活泼好动的人宜用新奇明快的，更增添几分生动可爱。

如果是男士用包，除上述几方面的考虑之外，选用提包时还要注意突出男子汉气概，体现出男性的阳刚之气。

在选用饰品的过程中，要注意把饰品的设计和化妆设计、发型设计及服装设计等几方面综合起来考虑，做到不仅考虑整体形象设计创意，还要照顾每一个局部之间的关系以及形象的原型和人物自身的条件。在设计的同时，要不断调整、改进，以达到形象设计应该达到的包装效果。

6 Part

第六章　服装模特的形象塑造

第一节　服装模特的形象特征

一、服装模特的基本形象要求

服装模特的基本形象标准是在明确其工作内容、工作要求以及时代审美取向等的基础之上，而对服装模特的面部形象和体型特征给予的一个可供参照的基本要求界定。

1. 面部形象及面部皮肤

（1）面部结构。面部结构要明确、轮廓清晰、五官端正、个性特征突出，无明显的整容痕迹。

（2）五官比例。中国古代画家画人像时总结出的"三庭五眼"这一精辟概念，不仅为专业化妆造型提供了依据和方法，同时，在服装模特的诸如影像拍摄、动态展示等典型工作中，我们也能够发现，基本符合这一面部标准比例的模特的确也能够适合大众的审美习惯，并能令人产生愉悦的感受。

（3）面部皮肤。服装模特，尤其是用于影像拍摄的模特的皮肤应该是光洁、有弹性，色泽均匀、健康，质地细腻、平滑，无明显的瑕疵。

2. 体型特征及身体皮肤

体型要求对于服装模特而言至关重要。人们通常对服装模特的形体上的衡量也是从服装构成的角度进行审视的。因此，四肢以及肩、胸、腰、腹、臀几部分的视觉比例和头身整体比例的匀称、协调，是评判服装模特体型条件的重要标准。

（1）身高。近年来，活跃在国际、国内秀场上的服装模特的身高一般是：女模特为178±4厘米，男模特为189±2厘米。当然，在某些情形下也会出现身高略矮或略高些的模特，因此，上述身高范围属于基本身高标准。此外，试衣模特以及用于拍摄产品目录或品牌宣传的影像广告、品牌订货会等所用的模特，对他们身高的要求则会依据品牌目标市场和目标消费群的实际情况而有所调整。

（2）围度。在身体各部位围度尺寸中的三围尺寸，即胸围、腰围、臀围是评判身形线条、比例以及身形匀称与否的重要因素。一般而言，亚裔女模特相对比较理想的尺寸分别是胸围84±4厘米、腰围60±2厘米、臀围89±2厘米；男模特为胸围100±4厘米、腰围75±5厘米、臀围92±2厘米。事实上，上述尺寸并非完全适合于服装的展示，例如胸围达到该标准尺寸的女模特有可能会不适合表现某些服装的胸部线条，甚至会出现有些服装穿不进去的情况，所以，三围尺寸的界定标准，同样也需要依据人种的基本特征、当前国际时尚背景下的审美趋向以及服装品牌风格等有所调整。

此外，大腿和小腿、脚踝等围度也同样制约着服装模特形体的匀称协调与否，所以，考量体型特征应从整体视觉感受着手进行判断。

（3）头身比例与上下身差。一般来讲，普通人身体和头部的正常比例是头为全身的八分之一，即通常所说的8头身，有的为7或7.5头身，这与人种的不同有很大关系。儿童和成人的头身比也不同，儿童的头身比基本上是在4~6头身。而服装模特的比例应该头比正常比例再小一些为佳。

上身与下身长度之差是观测模特身材比例的另一个重要尺度，上身长度即颈部第七颈椎点至臀围线的长度，下身长度为臀围线至脚底的长度，上下身差范围一般大于10厘米为佳。身体条件较好的服装模特的上、下身差能够达到17~20厘米，甚至更大。

此外，颈长、肩宽的尺度衡量也会影响人体比例的视觉效果。

（4）四肢及躯干部位的形态。模特的腿型应该以粗细长短均匀、中线笔直、膝盖部分线条流畅、髌骨与腿部相比纤细柔和、小腿比大腿长、小腿富于力度为佳。大腿或小腿过粗、腿部中线外弧或内弧都是不理想的。同样，双臂也应粗细长短均匀、中线笔直，臂长以两臂自然垂下时，手的中指指尖到大腿约一半处为宜。总之，匀称挺拔的骨骼结构、平滑的躯干线条、流畅且修长的四肢、无明显"X"或"O"形的双腿以及无明显"内八字"或"外八字"的脚型是较为理想的模特身形。

（5）身体皮肤。对服装模特的皮肤要求应是色泽均匀、健康，质地光洁、有弹性，身体主要裸露部位无明显疤痕、胎记和文身。

（6）手、足的形状和其皮肤。手和脚是服装模特在工作中经常有意或无意展露出来的细节部位。较好的手型应该是手指纤细、修长、顺直；指甲饱满光洁，修剪精细，关节粗细适中，皮肤细腻而富有弹性，无冻疮或骨骼变形。脚型亦然。

除此之外，世界卫生组织（WHO）推荐的国际统一使用的体质指数（BMI），在国际上对模特身高和体重的综合权衡也起着一定的作用。但是，该数值对于权衡身体局部体脂的分布有一定的局限性。在使用这一国际标准时，需要兼顾东西方人种的差异性来综合考量，例如，18.5这个数值对于东方模特而言偏大，而相对西方模特来讲则偏小，原因是东方人种在骨骼和体型上略显纤细，外表上呈现出较西方模特而言更为柔美、含蓄、恬静的特质。

二、模特时尚面孔的文化现象

提及流行、时尚，人们往往会不约而同地与流行的着装风格、流行的服饰搭配、流行的焦点话题、流行的国内外新片、流行的音乐、流行的减肥健身方式等联系在一起。而服装设计师们则是更多地将目光聚焦到国内外举办的各个时装周的时装发布上，以便从中发现未来时装领域在色彩、款式和材料等方面的发展趋势。然而长期以来，尤其是国内时尚领域，很少有媒体、专家对给品牌发布会的成功举办带来重要影响的模特新面孔，也就是所谓的时尚面孔本身带给时尚界的冲击和变化给予应有的关注和解读。事实上，时尚作为一种文化形式，它是由无数的符号组合而成，时尚面孔是表达时尚的符号之一，它所表现出的社会文化特征同样也是值得关注、探讨并分析、解读的。

时尚面孔的变化与时尚密不可分，时尚的变化又与世界文化的发展紧密相连。当今世界文化越来越表现出多元性、融合性的特征，与此同时，时尚面孔不

可避免地也受到这样文化特征的深度影响，并永不休止地"随机应变"着。

对于文化的含义，不同的学者有着不同的看法，其中较为经典的是英国人类学家泰勒在《原始文化》一书中做出的定义，他认为："文化，就其广泛的民族学意义来说，是包括全部的知识、信仰、艺术、道德、法律、风俗以及作为社会成员的人所掌握和接受的任何其他的才能和习惯的复合体"。这种定义可以说是文化的一种宽泛概念，同时文化还可以被看做是一种观念上的文化概念。按照这种观念所理解的文化概念，文化本身是由在人们精神或观念中存在的某种知识、规范、行为准则、价值观等所构成。通常所说的文化即是这层含义。文化的存在依赖于人们创造和运用符号的能力，文化始终是抽象的，将抽象文化变为人们都可以理解的事物时，必然要借用符号来表达，它连接起了文化 与具体事件本身。文化符号具有任意性和可变性，比如当我们提到欧洲文化的时候，我们脑海中可能会浮现出奢华的欧洲宫廷建筑、华丽的洛可可风格；当我们提起中国，以前外国人可

能会想到慈禧太后，但现在越来越多的外国人想到的会是长城和中国举办的奥运会。

时尚是对一种外表行为模式的崇尚方式，其特征是新奇性、相互追随仿效及流行的短暂性。时尚是整个社会都具有的，它是人们追求美好事物的一种体现、一种共有的思想观念，尤其是在对服装、饰品、生活方式的态度等方面。时尚作为一种文化形式，必然也存在着自己的符号。流行色、服装风格、搭配形式、生活方式等这些都是时尚符号，它们将时尚文化更直观地展现在人们面前。例如，时尚类杂志常会将诸如明年将流行黄色色系、窄腿裤、灯笼裙、荷叶边、蝴蝶结、环保材料、宽边太阳镜等资讯图文并茂地介绍出来，那么，读者就会轻而易举地知道将要流行的时尚元素。时尚符号就是这样将抽象的时尚文化给予了具象化的陈述。

时尚面孔作为时尚最具诱惑力的元素之一，自然也是其不可缺少的符号之一。不同的时尚面孔就像不同的符号，传达出不同的时尚现象和时尚文化，映射出不同的时尚趋势。例如，提到玛丽莲·梦露，我们眼前便

会习惯性地浮现出她那迷人的按住裙摆的动作、细碎的步态、淡金黄色的头发、嘴边俏皮的黑痣、红润夸张的嘴唇，很长一段时间里，这些标志性的形象特征都成为了美丽的代名词，并受到时尚女性们的追随效仿。

尽管有学者不停地研究时尚杂志、权威人士等时尚元素给人们生活方式和生活态度带来的影响，但是他们忽略了时尚面孔，它在其中也发挥着不可忽视的重要作用。不难看出，通俗文化中的公众人物，例如那些名声显赫的贵族、影视明星、名模、名媛甚至时尚媒体的编辑们、政治要员等都逐渐成为了人们模仿的对象。例如，19世纪90年代女性形象先驱的代表人物吉布森少女，它是美国画家查尔斯·达纳·吉尔森为富有的兰霍恩姐妹所绘的画像。这个"高大的美国姑娘"十分自信，看上去既像个大学生又像个时髦美女。她梳着高高的卷发并潇洒地戴着一顶帽子，其身后总是跟着一群男性崇拜者。她的出现让当时的女性以坦率的方式反抗当时社会将女性局限于被动地位和家庭环境的陈规。而这一现象出现的原因则在于西方社会中重大文化、政治和

经济的变化，民主化的不断发展、工厂的不断兴起造就了吉布森少女的成功。服装可以被成批生产和销售，照相复制技术和印刷业的发展，使得这种时尚概念可以在大众中和市场上得以传播。在后来的很长时间内，这种"自由女性"成了女性的象征。随即，模特行业得到了发展，吉布森少女的流行，在那个时代就让我们看到了时尚面孔带给文化的改变。

20世纪60年代，模特崔吉的出现为女性形象带来了一次新的转变。崔吉的面孔小巧而略显单薄，眼睛又黑又大，再加上她扁平的胸部、细瘦的双腿以及男孩子似的发型，让所有大众传媒一下子注意到了她。崔吉的出现带来了与以往截然不同的审美观，她被英伦媒体塑造成一个反叛的形象，成为所有想摆脱一成不变、追求自由独立的家庭主妇生活的女性们的偶像。虽然崔吉那种没有曲线的形象打破了人们以往对美的标准的认知，但是这种与以往截然不同的美恰恰符合了人们心里隐藏的反叛情绪以及对于一成不变的厌烦感。这些都使女性在看到崔吉之后产生了强烈的认同，她们希望拥有那样的时尚面孔，来表达自己内心的感受。

从吉布森少女到模特崔吉，都只能说明曾经的时尚面孔带给人们的影响。而当今的那些时尚面孔，则有过之而无不及地继续影响着人们评判美丽形象的标准，并且得到更多时尚人群的争相效仿和追随。

著名美国影星朱莉亚·罗伯茨以其精湛的演技和独特的个性相貌迅速在国际影视界走红。提起她，我们都会想起她那张性感的大嘴，朱莉亚·罗伯茨的面孔中带着一种人们无法抗拒的性感之美。国外有学者根据心理学、人体美学的基本数据和原理，把面部各器官的迷人程度依数值大小归纳出魅力指数排位。其中，眼裂宽度的魅力指数居第一位，而嘴唇的大小则居魅力指数的第二位，可见嘴唇大小对人美貌的判定意义举足轻重。关于嘴的大小的黄金比例关系也有一些说法：一是嘴的宽度与鼻底宽度的比例一般约为1.4:1；二是嘴的宽度应为嘴部面宽的二分之一。朱莉亚·罗伯茨的唇型正符合了这样的标准，也因此受到众多电影人的喜爱。同时，这也说明了当某一时尚面孔成为社会认同的美的标准时，人们的从众心理便会不由自主地出现。

在当今欧美时尚界的眼中，古典式丹凤眼是东方美特有的标志之一。因为在西方人的眼中，古典含蓄、神秘惊艳是东方美特有的元素符号，丹凤眼在回眸的瞬间所带出的东方韵味恰恰符合了西方人眼中神秘的感觉。现今韩国曾获2007年亚洲超模大赛冠军的第一名模林智爱，就被评委给予了这样的评价：一双迷人的丹凤眼、上翘的厚嘴唇、瘦削的脸庞，活脱脱一个被夸张了的瓷人艺术品。林智爱民族化加国际化的面孔，获得了诸多评委们的认可，从而也为其拓展国际市场奠定了基础。

从2007年起，一股洛丽塔风席卷整个时尚界。"洛丽塔"一词来自于同名书籍，书里那个普普通通的穿一只袜子、身高四尺十寸的洛丽塔公主受到很多人的喜爱。而后根据洛丽塔电影人物精炼出的经典元素，蕾丝、蝴蝶结、蓬蓬裙也受到越来越多人的喜爱。用混搭的着装形式展现了既摩登又复古的两种感觉，将一个精灵展现在众国内备受各大知名国际品牌宠爱的模特杜鹃，也是这样一个带着古典味道并拥有充满纯真、善良脸庞的模特，大大的眼睛、小鼻子、细腻的皮肤，和那些西方世界带着"娃娃脸"的模特相比，杜鹃骨子里透露着东方的优雅，就算看上去像个没有长大的孩子，但还是充满着让你无法抵挡的贵族气质。

不得不提的还有，曾经一度成为时尚界焦点话题的中国名模吕燕以她独特的容貌颠覆了人们对美的评判标准。那个长着小小眼睛、塌鼻子、厚嘴唇、略带雀斑的女孩子，却在法国得到了很多时尚编辑、时尚摄影师的宠爱。她颠覆了国人对美的概念，也让更多的人觉得东西方审美观的差异。国外媒体曾这样评价吕燕，一半是天使，一半是魔鬼。她既可以像天使那样笑得很灿烂、很纯净，也可以像魔鬼那样很冷酷、很野性。当人们将吕燕拍摄的时装图片摆在你面前的时候，你也会被她深深地吸引。虽然她不是我们认为的标准美女，可是在这样的外表下，我们依然看到了我们所希望看到的美好以及我们在传统文化里所崇尚的真实。这种另类的美其实也符合了人们对和谐之美的不懈追求。

但是，我们也不难看出，时尚面孔依旧遵循着西方世界早已成定势的陈规戒律。在每一个国家的模特圈中，金发碧眼都有着令人刮目相看的市场。但随着文化的交流和融合的增进，时尚面孔已经开始逐渐包含各种形象和种族背景，黑人模特的出现、国际秀场上亚洲面孔的出现都足以能够说明这一改变的发生。越来越多的中国面孔开始出现在国际舞台上，它是东方文化被越来越多认可的表现之一，人们希望透过具有东方美的女性面孔，体会到几千年文化背后的力量。这也是世界文化多元化发展并呈现融合状态的一种表现。同时，人们通过长期的积累总结出了符合美学标准、性别标准、时尚标准的面孔，不过这些标准随着文化的发展演变而不断变化。可见，特定的文化环境和经济状态使时尚面孔不停地变幻着。

纵观时尚面孔的变化，我们很难找到一张永远被宠爱的脸，这和文化的不断进步发展有着密切的关系。但不可否认的是，无论时尚面孔如何变化，它总是时尚文化中不可缺少的一部分，时尚面孔用它本身的吸引力将时尚演绎

人的面前。洛丽塔的盛行正符合了人类共同的审美标准，虽然在容貌优劣的评价中存在着个体差异，但是不同文化下的人们也有共同认可的容貌特征，即大眼睛、小鼻子以及柔和的圆下巴构成的没有支配欲的娃娃脸，女性普遍认为这些特征更具有吸引力。接近于婴儿型的娃娃脸，被认为具有温暖、诚实、纯真和善良的特质。其实，娃娃脸的特征也符合了在人们长期生存的社会文化中，人们对美好事物的喜好这一特征。时下盛行的洛丽塔面孔恰恰符合了娃娃脸这一典型特征。嘉玛·沃德（Gama Word）拥有迷人的大眼睛、浑圆的小巧下巴以及宽而平坦的脸颊，她让人们记住了她那张具有洋娃娃特质的时尚面孔。无独有偶，巴西的德意混血儿卡洛琳·特伦提尼受多种文化影响而与生俱来的鬼魅气质，再加上那张特有的娃娃脸，使她成为时尚界关注的焦点。娃娃脸就这样在时尚界蔓延开来。

得更加精彩。虽然对时尚面孔的评判没有特定的标准，不同文化对时尚面孔的评价、影响也不相同，但对时尚面孔的评判还是存在着一个基本标准，即时尚面孔所具有的和谐与自然之美、真实与善良之并存。在时尚界不停变幻的过程中，这些时尚面孔凭借她们的聪明智慧，吸收时尚文化的精髓，将真实的情感全部投入到时尚事业中，我们将看到的是永远不会改变的美。无论时尚文化如何发展、时尚面孔如何转变，人们对美的追求将是坚持不懈、永不改变的。

三、时尚对服装模特形象塑造的影响

1. 时尚的概念

"时尚"一词源自对英文"Ｖｏｇｕｅ"、"Fashion"的译读。在2004年版的《朗文当代高级英语词典》中，就"Fashion"一词给予的翻译成中文的解释是"在特定时期里流行并有可能随后即改变的衣着、发型、行为方式等"；在《现代汉语词典》中，"时尚"一词被解释为"某一时期的风尚。"也可以如是理解，即"时尚是指某种形式在特定时期形成的一种审美崇尚"。它涉及诸如衣着装扮、饮食健身、家居住房、出外旅行甚至情感表达及思维方式。不过，当某种形式的形成范围波及面较大时，就成为了流行。

事实上，"时尚"一词的含义至今尚无权威认证，不同身份、不同种族的人都在言说，如国际四大时装周的秀场、高投入的视觉大片、相继出现的都市中的艺术工厂、酒吧街、官邸私家派对、时装广告大片、娱乐圈颁奖盛典等。时尚是社会生活的通俗化身，它并不是人们臆想出来的，一旦某种东西开始流行，便意味着它随即要消亡，而时尚却一直与日常生活并肩而行，这就是为什么时尚脉搏的跳动总是能够引来最大范围的公众关注。毫无疑问的是，时尚在20世纪的百年间有了翻天覆地的变化，它不仅使有关时尚的话题成为了这个世纪最为活跃的论战之一，而且还毋庸置疑地令所有与时尚相关的行业为之震撼，随之旋转。

总之，时尚是一个包罗万象的概念，它能够带给人们愉悦的心情、纯粹的感受、独特的气韵、超凡的品位。同时，追求时尚也能够使人们生活得更加多姿多彩。

2. 对时尚的回顾

时尚是一种令人迷惑、无法抗拒的力量，它是社会生活的通俗化身，能够迅速左右人的思想和行为，驱动人们对类似于服装、设计等事物产生浓烈的兴趣并欲罢不能地效仿追随。通常，某种时尚的产生和形成源自于：一是社会心理的变化，任何形式的形象变化往往都是社会心理外化的表现；二是科学技术的进步，任何构成时尚元素的产品甚至时尚的意识皆以新材料的发明、新技术的改良、高科技的支撑等作为坚实的依托；三是时尚相关领域典型人物的创造活动，他们都或多或少、潜移默化地影响、颠覆着时尚的发展。

作为社会变革与审美观变迁的忠实预报器——时尚，以其全然不带任何偏见的视角，将抽象的变革更为具体化。毋庸置疑，时尚首先是宫廷的特权，也就是说最初的时尚大权掌握在地位显赫的宫廷贵族们的手中。在经历了20世纪百年时尚天翻地覆的变化之后，为了探究时尚对人们影响至深的缘由之所在，对时尚的形成与发展进行了以下回顾。

20世纪20年代，被认作是涌现了大量奇迹的"摩登时代"。从形象上看，最重要的是出现了小男孩儿型的美女典范。女孩儿的头发剪得像男孩儿一样短，胸部平坦，追求纤细修长的腿型，凹凸有致的身体曲线被直线所替代。此时的时尚装束包括男孩儿式短发、平胸、夏奈尔套装。其中，男孩儿式的短发流行头发向两边分开，笔直地紧贴在两颊上；平胸时尚使得丰胸美女竞相减肥或未发育女孩儿尽量在年龄更大一些时再配带文胸，时装界还顺势推出可以塑造完美体型的瘦身义胸；夏奈尔套装也尽可能选择符合男孩儿体型特点的直筒式套装，并且材质简单，但价格却很昂贵，这也透露出等级观念在看似平等的时装流行中起到的潜移默化的作用。此外，夏奈尔经典香水Chanel NO.5、包豪斯风格等也是这个充满时尚灵感的时代产物。

20世纪30~50年代既各自具有不同时期的时代特色，又同时具有这三个时期整体的时尚风貌。在这30年间，时尚在发展进程中有着两个并行不悖的特征：一是20世纪20年代乐观、自信的女性精神向着狂躁、偏激发展；二是随着男性在战争中的英雄地位的恢复，女性形象再次跌入低谷。20世纪30年代，随着全球性经济危机和纳粹主义的袭来，人们普遍感到迷惘和不安。这种焦虑的心态与20世纪20年代培养起来的张扬的个性相左，形成了一股肆意宣泄不安情绪的艺术潮流，风格怪诞的达达主义、超现实主义应运而生。服装设计师们也横空出世，以超现实主义的理念设计了大量妙趣横生、千奇百怪的时尚作品，清晰地表达出人们的信仰和诉求，带给迷惘中的人们以希望和激情。20世纪40年代，由于战争造就了人们更加成熟和坚强的精神，出现了坚毅的中性风潮。这种坚毅促使人们更加乐观，更加热衷精心装扮自己，例如布料紧缺就在紧身裙上只缝制一个口袋而非直接取消口袋；金银和皮革紧俏，就穿厚木底鞋；没有伸缩尼龙制作丝袜就在腿上画出丝袜的模样。

20世纪50年代是一个纵情享乐的年代，此时的时尚风貌，一是体现在对丰乳、肥臀、细腰的性感体型特征的追崇上，二是《花花公子》杂志和由其率先在杂志封面刊登裸照而引领的裸露时尚风潮的诞生，三是鼎鼎大名的比基尼的问世。其中，比基尼这个新生事物即便是在见多识广的巴黎专业模特也不敢问津的时候，一位名叫米查尔·伯娜蒂妮的脱衣舞女，却以有史以来第一位比基尼模特的身份被载入史册。但真正使比基尼为大众所接受，则是因为法国影星碧姬·芭铎于1952年主演的电影《穿比基尼的姑娘》，该影片轰动全球，以至于1958年，梵蒂冈甚至展出她的照片作为魔鬼的象征。但这不能阻止她成为性解放思潮的形象代表，比基尼从此开始迅速蔓延，走向世界。

20世纪60年代，是一个女性解放的时代，更是年轻时尚横空出世的时代。与随同其后的70年代一起，作为对前30年时尚潮流的颠覆而异常活跃。此时，最具代表性的时尚特征可以在统领这二十年T型台的名模崔姬·梦菲身上略见一斑。崔姬·梦菲骨瘦如柴，身高167厘米，而体重仅有91磅（1磅＝0.4536千克），胸

部扁平、小腹凹陷、四肢笔直、脸小眼大。20世纪70年代流行热裤、长筒靴、超高跟鞋，维达·沙宣的自由短发，库雷热设计的太空装，伊夫·圣·洛朗设计的透视装，70年代嬉皮士时尚中出现的各种牛仔裤、超长裙、T恤等，以及那种夸张的眼线、银蓝色眼影、浓密的假睫毛，甚至冷漠、绝望、厌恶的情绪表现也成为当时特有的"海洛因风貌"的形象特点，并且迅速成为当时的时代风尚。

20世纪80年代，传承了前20年的反叛情绪，女性地位更加强势。由于经济的繁荣和生活的富足，出现了鼓励消费的奢侈潮流。高档时装的推广和宣传造就了一批时尚人士，真正意义上的超级名模由此诞生，摇滚歌星的鼎盛时代也由此拉开序幕。其中，女性身材的审美标准一改以往娇弱的特点，崇尚气势逼人、高大硬

朗的体型特征。20世纪80年代的时尚标志是，处处与男性争辩的超大型服饰，如大T恤、大夹克、大衬衫等。超级名模的身高和经济情况、社会地位也令男性望而却步。然而这一切对于距离欧洲大陆数千公里之外的20世纪80年代的中国而言，仿佛是一个毫无关系和意义的陌生事实。尽管此时的中国人已经开始接纳外界新鲜事物，并渐渐解放、洗刷自己的头脑，但是奢侈还是一个遥远的话题，毕竟，中国人此时才刚刚接受从服装到时装的转变。值得一提的是，1985年，法国时装设计师皮尔·卡丹带着他的新作来到中国，分别在北京的工人体育馆和上海文化宫举办了两场时装展，这也是第一次大规模向中国公众展示时装，看惯了蓝色和绿色、习惯了"新三年、旧三年、缝缝补补又三年"的中国人被舞台上大胆亮丽的设计震惊了，时装冲破了历史的尘封和意识形态的禁锢，再一次出现在人们的话语中。可以想象，在同一年里，皮尔·卡丹在中国的时装展和12位中国模特首次走出国门、走上巴黎街头的新闻，成为全体中国人争论的焦点。

20世纪90年代是一个个性解放、追求自由、百花齐放的年代。自信独立的风范、张扬激进的个性、标新立异的品位，使得这个年代的女性没有任何的标准来定义。时尚界新的地标就是"美来自缺陷"，那种与众不同、出奇制胜成为了当时的潮流风貌。如内八字和O型腿的凯特·莫斯、大嘴美女朱莉亚·罗伯茨、"太平公主"格温妮斯·帕特洛、一脸雀斑的维罗尼卡·雷诺等，她们都成为了备受青睐的新时尚代表。极端个性的

"酷"也同样受到特殊的重视，低腰裤、露脐装、内衣外穿统统挤入酷的行列。然而，风格各异仅仅是这个年代的形象表相，真正令人叹服的是这时女性精神的独立竟会催生出如此绚丽的时尚景象。20世纪90年代的中国迎来了各种各样以时装和消费为诉求的杂志的问世，并迅速遍布大街小巷。时尚杂志作为中国媒体产业的一个全新分类，以最令人艳羡的活力和速度蓬勃发展。然而，与第一批进入奢侈品经营的中国人一样，第一批走入奢侈品文化的中国媒体从业人员也遭遇了前所未有的困惑。由于他们对奢侈品文化不甚了解，只是在激烈的物质冲击中将高价视为衡量奢侈品的唯一标准，于是使得第一批购买奢侈品的他们陷入了炫耀性消费的怪圈。

20世纪末和21世纪初的中国，伴随着美国珠宝商蒂芙尼（Tiffany）的到来，中国时尚业出现了历史性的变化，步入了新的台阶，奢侈品市场也更加成熟与稳定。国际著名时尚媒体大量涌入中国或与中国媒体合资，共同开拓中国时尚传媒市场。此外，由于全球化进程的迅猛推进，出现了令人叹为观止、势不可当的造星运动，特别是诸如影视界、流行乐坛、时尚业等大量涌现、不断推陈出新的庞大的美女风潮，不仅活跃丰富了时尚产业的形式和内容，而且拉动了一个独特的社会经济现象，即"美女经济"。值得一提的是，美女经济的提升并非美貌所能及，而是要通过大胆、独特出位的创意、别具匠心的策划与统筹、富有经验甚至不择手段的成功的商业运作来完成，也就是说，这个时代的多元化运作模式带给时尚界繁花似锦的多彩发展态势。

第二节　服装模特的整体形象策划

一、典型工作情形中的形象策划

1. 面试情形中的整体形象策划

面试工作是模特典型工作的开始。当今中国的模特面试环节越来越趋向规范化、国际化，这种变化的发生也是由于市场对模特的要求更加严格和专业。因此，面试之前对所要面试的客观对象的背景和基本要求的了解是必不可少的。

通常情况下，一些大品牌的面试会要求模特将头发整齐利落地梳起，将面部清晰完整地显露出来，按照面试前客户的要求不化妆或化淡妆，让客户以及与客户同行的造型师等对其上妆之后的形象塑造有一个想象的空间。面试服装也以合体简洁、突显身形优势为宜。有些品牌或者设计师对模特的皮肤状态、五官特征、手和脚的形态等要求甚至到了苛刻的地步，这就要求模特要全方位地做好各项准备。一般地，在客户没有特别要求的情况下，妆面最好以接近裸妆的淡妆为主，头发依据脸型特点决定披散或是扎起，并用些小技巧来修饰脸型、

眼部、鼻子和唇部缺点。例如，脸型不是很理想的模特，在化妆时应该把修容粉均匀地扫在腮部，浓重程度和位置按照脸型的不同而变化，这样可以修饰脸部较宽的缺点。对于男模特来说，清洁利落的发型和面容显得尤为重要，可以采取诸如选用和自己肤色相近的深浅颜色粉底明显地勾勒出面部轮廓以及用遮盖力较强的粉底遮盖脸上的痘痘或者痘印等方法。

同样情况下，模特的着装一定要能突显自己的身体优势，例如，裙装因款式的不同可以有效地遮掩大尺寸的臀部和大腿根部，减少腰节偏长而腿偏短的缺点，扬长避短。需要注意的是，模特面试时不要穿着松垮无型的服装，这会给人留下不礼貌、不重视的感觉。而且，不要穿着明显带有任何品牌倾向或者露出其他品牌的标志和商标的服装，因为服装上的商标有可能是此次面试客户竞争对手的符号，这会引起客户的反感。

此外，以专业标准要求自己的模特会在面试时带着自己的资料夹，其中应是模特具有不同造型风格以及近期最具代表性的图片，当然已经刊登于时尚类杂志或者为某品牌拍摄的产品目录或宣传广告等图片更具说服力。资料夹里的图片要随时更换，作为一名职业模特应

该拥有很多的图片和视频资料，在了解了一个面试的背景之后应该积极主动地去整理这些资料，有针对性地选择合适的照片来更新自己的资料夹。

2. 试装、排练情形下的状态表现

试装是设计师与模特沟通的重要环节。设计师会依据品牌的设计理念以及对模特的要求，来为每一款服装选择合适的模特。通常情况下，每一个模特都有可能试穿数套不同系列的服装以供设计师挑选，所以模特应该首先把握这个过程中每一个细节的变化，其次要明确并记住分配给自己的服装是如何搭配的，以免正式排练和演出时手忙脚乱。

排练是模特熟悉和体会音乐节奏、行走路线、表演形式及服装感觉的环节，排练时间依据该场演出编导制作团队的策划和执行的复杂程度而长短不同。通常情况下，模特会由于种种原因懈怠排练工作，但是，这个环节往往是客户和编导再次筛选模特的关键时刻，所以，应该像对待正式演出一样来处理排练情形中的精神状态，同时仍要注意自己的整体形象。

演出前的准备工作最能够体现模特的职业精神和专业素养。一般情况下，模特在参加演出时需要自备肉色或浅色的内衣裤、胸贴，除去与演出无关的饰品、指甲油，还要明确是否需要自备合适颜色的鞋子等，同时也要注意个人卫生，适当地使用香水会给其他工作人员一种清爽的感觉。

3. 演出过程中的修妆与补妆

演出过程中的后台一般都会有一个妆容镜，模特在穿好服装准备上台时，需要到镜子前检查服装是否穿戴整齐、面部是否脱妆或有汗渍、头发是否蓬乱或变形等，通常情况下舞台的各个台口都会有化妆师为模特检查并修补其妆面和发型。但是，有经验的模特会主动在镜子前自己检查并及时找化妆师调整，以确保整个演出过程都能呈现完好的妆面和发型。

4. 影像拍摄工作中的配合

模特在影像拍摄工作中的配合主要体现在如何在摄影机或摄像机镜头前有意识地去感知、捕捉镜头，从而使自己的特点以最完美的角度呈现出来。换句话讲，就是要通过较强的镜头意识感来传达对客观对象表现意图的充分诠释。通常情况下，设计师或摄影师、摄像师会根据不同的拍摄要求，提示或引导模特添加少许的肢体语言或情绪表现，模特应该充分理解提示要求，在举手投足间将所有诠释的内容表达清楚、明确。这就要求模特的协调性以及肢体表达能力需要不断地强化并通过借鉴和体会积累拍摄经验。这是模特需要重视的细节。妆容和发型的修补也是需要习惯性地在每个拍摄环节之前，进行检查并及时修整。同时，在拍摄工作开始的前几天就要做一些准备工作，例如加强皮肤和头发的护理、选择合适的内衣裤以免留下体痕。

二、工作以外的形象策划

就服装模特自身而言，拥有良好的外在形象是获取经纪公司的信任与推广、赢得客户的认可和兴趣的最基本的条件。服装模特在服装表演等典型工作以外的形象上的细节处理和自身状态表现，都会通过其在生活中不断修炼而来的审美倾向、个人风格等表现在其工作之中。仅以面试来讲，一个具有职业操守的模特就很清楚针对不同情况应该如何选择自己的化妆造型和着装表现。即便是在不着装或穿着比基尼的状态下面试，也很清楚应该通过怎样的皮肤护理和面部调整来博取客户的认可，以获得更多的工作机会。此外，服装模特在工作以外的形象策划以及待人接物的细节处理又会由于团队合作这一工作性质，而与诸如经纪人、客户、媒体、造型师、摄影师以及模特彼此之间发生密不可分的连带关系，从而会潜移默化地影响到其工作的顺利与否。所以，作为专业的服装模特，不仅要注意自己在表演中、在镜头前的个人形象和良好台风，还要注意如何用专业的沟通方式与人交往。

1. 皮肤的保护

健康良好的皮肤状态是职业模特必备的基本条件。首先，要了解自己皮肤的类型，根据自身肌肤的特点制定适合自己的保养计划。清洁、柔肤、滋润、防晒是必不可少的基本程序，其中清洁尤为重要，卸妆则是清洁中不可忽视的细节。由于服装模特的职业特点，要经常针对不同的服装风格做不同的造型，不得不接触和尝试不同的妆面和化妆品，有时候带妆时间会很长，妆面也很浓、很厚，非常容易引发各种肌肤问题。上妆前使用隔离霜，选择适合自己的卸妆产品和正确的卸妆手法都会起到事半功倍的效果。其次，保持健康的生活状态也是护肤的关键，好的外表来源于健康的身体，充足的睡眠和健康的饮食不但可以使模特保持好身材，还能够带来健康通透的肌肤。再次，在不同的季节更换合适的保养品也是要注意的护肤细节，眼部、唇部的皮肤特别娇嫩，要注意特别护理。

2. 头发的护理

富有光泽和弹性的健康头发对模特自身健康的外表形象十分重要。模特在日常生活中要注意对头发的保养，避免让头发过度暴露在烈日、强风、寒冷之下。不要过度梳、洗头发，尽可能地让头发远离有害物质，保持头发原有的自然健康状态。适度修剪头发，尽量不要染烫头发，不要用过紧的橡皮筋、发卡捆扎头发，养成使用护发素和定期护理头发的习惯。

3. 手部、脚部及指甲的保养

手部、脚部及指甲的护理也是模特在日常生活中容易忽略的细节。服装表演时，模特的双手会近距离地出现在观众视线中，尤其是当设计师要求服装模特对服装的配饰进行强调展示，或者是在首饰展、手机展等工作中以及与观众近距离的产品展示中，对模特的双手提出了更高的要求。因此，经常涂抹护手霜、定期做手部护理、避免提拎重物、定期护理指甲等是服装模特必须养成的良好生活习惯。

服装模特在展示服装的过程中要行走、站立，会经常出现裸露脚部的情况，这会使其双脚也进入观众的视线，所以，干净、匀直、滋润的双脚就成为服装模特应该具备的形象素质了。模特工作时经常要穿着十多公分高的高跟鞋行走，有时候模特被分到鞋码不合适或不舒服的鞋也要勉强坚持试装、排练、演出，严重的还会把脚磨破，所以在日常生活中应该经常泡脚、修脚、做足部按摩、减少穿高跟鞋的机会，这都是很好的护足方法。

专业的指甲护理对女模特和男模特来说都是必须注意的细节，要把指甲修剪到合适的长度，保持指缝的干净。面试时，要提前把之前涂抹的指甲油清洗干净。正式演出时，要依照设计师的要求由造型师统一涂抹指定颜色的指甲油。指甲的护理连同手部护理都应该定时在美容院完成。

4. 化妆及日常着装

工作之外的化妆是模特的必修环节。由于模特在工作中需要经常化妆，所以在日常生活中出于种种原因就不太注意修饰自己。事实上，在某些场合，适当的化妆不但可以使自己更加自信、更加表现个性，同时也是一种基本的礼仪和素养体现，既可以体现对他人的尊重，又能够改善和突出自己的形象。所以，模特在生活中应该学习一些化妆和着装技巧，来完善自己的专业形象。

对于着装细节的关注，人们并非一朝一夕就能够把握，所以平日里的知识积累、时尚资讯的搜集、个人基础形象条件的分析等，都是进行个人日常形象设计的参考和借鉴，这样能够提高自己的审美能力和着装品位，既可以使自己的专业形象有所提升，又能够在工作中更好地诠释服装的设计语言。

此外，内衣的选择也是尤为重要的细节考虑。有品质的内衣是体现服装模特职业水准和格调高低的重要因素。服装模特经常参加试装工作，为自己选择有品质的内衣会在无形中再次塑造和完善自己的身形，以此提升自己的形象和自信。选择适合自身形体情况的内衣、注意内衣的干净整洁、及时更换过时的旧内衣等，注意这些细节便可达到塑型的良好效果。

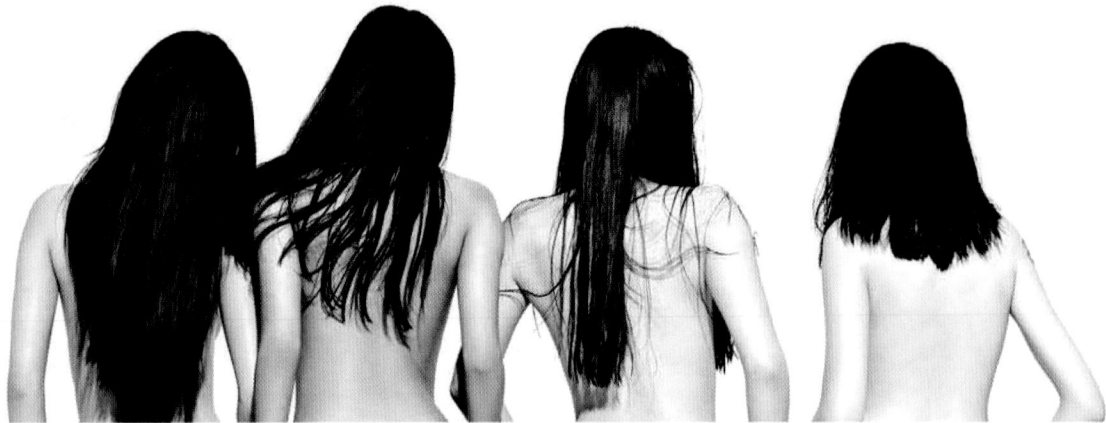

三、香水的历史和使用常识

香水，仿佛也是时尚界的一个公认代言名词之一，并且已经成为我们生活当中不可或缺的一部分了。这不仅是一种服饰文化的进步，更是一种社会文化的进步。香水作为独特的文化形式已经有了很长的发展史，它与服饰的关系也渐渐成为一门学问，所以，香水的发展、使用等常识便成为服装模特的必修课之一。

1. 香水的历史

香水，法文Perfume，是从拉丁文中的Par + fumum两个词演变而来的，原意是随着烟雾而来，可见最早的香水是一种类似于香薰的形式。

在古代，香水被视为一种圣物，是用来供奉神灵与神沟通的媒介，和净化身心的圣品。古罗马人有专门从事用香烟祭祀Vesta女神的职业，他们坚信如果香烟中断的话罗马城也会随之沉没。古埃及人使用香料的历史久远，可以上溯到公元前三千年左右，古埃及也是史料记载使用香料最为广泛的国家。古埃及坟墓里出土的香精和香料被装在精美的容器里，可见古埃及人对香水的喜爱。世界公认的最早香水，就是古埃及人发明的可菲神香。在古代波斯，香水被认为是身份和地位的象征，只有最尊贵的人才有资格使用，下层阶级使用香水会被视为触犯法律。希腊神话中众神的出现会伴随着光芒和芬芳，所以在古希腊，香水象征着得到众神的祝福。

中世纪的欧洲，人们对香水的使用非常普遍，修道院中已经出现专门制作香料的工厂。法国被认为是香水王国，中世纪时法国已经出现含酒精的香水，法国南部古拉斯已成为天然香料制造中心，出售香料和化妆品的店铺随处可见，贵族及市民阶级普遍使用香水。

1709年，意大利约翰·玛利亚·法丽纳发明了"古龙水"，是从紫苏花油、摩香草、迷迭香、豆蔻、薰衣草、酒精和柠檬汁等植物中提取出来的，气味浓烈、异香扑鼻。路易十四嗜香水成癖，被称为"爱香水的皇帝"，他会每天使用不同味道的香水，甚至号召他的臣民也使用香水。路易十五时期，蓬巴杜夫人和杜巴莉夫人对香水的喜好和对服装的兴致一样浓厚，宫内上上下下纷纷效仿，于是每个人的饰物和服饰，乃至整个宫廷都香气四溢，被称为"香水之宫"，整个巴黎也成"香水之都"。拿破仑也非常迷恋使用香水，曾经有一天使用12公斤香水的记录，在被流放到荒岛上时自己用薄荷叶自创香水使用。

19世纪下半叶起，由于挥发性溶剂取代了早期的蒸馏法，尤其是人造合成香料在法国的诞生，使香水不再局限于单一的天然香型，香水家族也由此迅速壮大，并奠定了现代香水工业的基础。

第二次世界大战之后，人们追求新生活的愿望急切，渴求迅速摆脱战争的创伤，香水和服饰加入了这股风潮中，迪奥新风貌和夏奈尔的Chanel NO.5给人们带来了崭新的社会风气，使20世纪的女性极具浪漫的女性风韵，给人们带来了新的生活希望。这个时期的妇女开始走出家门走向社会，眼界开阔的女性们不满足只做男人的附属品，她们追求独立和民主，于是香水的香味少了几分浓郁甜美，更多混合了干苔温馨古雅的香气，令妇女们多了些许成熟优雅。

现在国际著名的化妆品以及服饰公司，甚至明星、设计师等都会拥有自己的香水品牌。香水的种类以及香味都日益丰富，香水成为了人们日常生活的必须品，使用不同味道的香水有各自不同的意味，是一个人生活品味与追求的象征。

2. 香水的分类

目前在市面上见到的香水种类繁多、味道各异，初次接触的人难免有些无从下手，其实香水是有一定的分类及评定标准的。

依据酒精和香料的浓度可以分为香精、香水、淡香水、古龙水、清淡香水五种等级。

（1）香精（Parfum），一般称为浓香水，香精浓度为15%～25%之间，香气可持续六小时左右，在香水中的等级较高，价格也最为昂贵。香精类香水大多为女性香水，男性很少使用，使用场合多为晚宴或正式场合等一些人员密集的地方。

（2）香水（Eau de Parfum，缩写EDP或E/P），也被称为淡香精，其浓度为10%～15%之间，香气持续时间为五小时左右，价格比较便宜。这类级别的香水是市面上销售最多的，香气停留时间较长，适宜白天或外出时使用，受到欧美国家人群所喜爱。

（3）淡香水（Eau de Toilette，缩写EDT或E/T），亦被称为淡香露，其浓度为5%～10%之间，香气持续时间为三小时左右，香味淡雅、轻柔，适宜在日常生活和办公场合使用，受到亚洲人的欢迎。

（4）古龙水（Eau de Cologne，缩写EDC或E/C），中国人将之认为是男性香水的代名词，因为在欧美很少有女性使用这种香水，自传入中国以来一直是男性的专利。其浓度为3%～5%之间，可持续时间为1～2小时左右，成分主要是酒精和蒸馏水，酒精浓度为60%～75%之间，香料浓度较低，价格实惠。

（5）清淡香水（Eau Fraiche）也称为清凉水，其浓度为1%～3%之间，香气持续时间为一小时左右，日常使用的香皂、剃须水、空气清新剂等都属此类，在日常生活中使用较广。

依据香型来分，主要分为单花型、混合花型、植物型、香料型等香水。

（1）单花型，以单一一种花香为香料，不添加其他香料，香味纯正、芬芳，例如茉莉花、玫瑰花等。

（2）混合花型，将两种以上花香混合在一起，是一种综合型的花型，香味浓烈、气味多变、奇妙幽怨。

（3）植物型，使用清香植物为原料，将植物的清新淡雅气息弥散开来，有花草调和水果调两种，如苹果、柠檬、薰衣草、檀香、薄荷等。

（4）香料型，主要指丁香、肉桂、麝香等散发芳香气味的物质，味道纯粹、天然、使用历史悠远。

现在市面上又出现了好多雪花味、海洋味等各类千奇百怪的香型也受到了人们的喜爱。

3. 香水的使用常识

一般来说，先把香水喷于掌心，再利用掌心的热力将香水搓涂于耳后、颈部、手肘内侧、胸口、指尖、手腕、大腿内侧、膝后、小腿、头发、腰部两侧、脚踝等发热多、发汗少的部位。而男性则将香水用在袖口、肘部、衣角等里层，或者用在颈部、手腕等内侧靠近衬衣领口或袖口的地方，这样使得香味若有若无，恰到好处。同时，还可以考虑白天使用清淡的古龙水或者香氛，晚间活动使用香水或者淡香水。

作为服装模特，在工作情形下也可以考虑将香水喷涂在不影响服装外观的某些部位，例如上衣下摆处、裤脚处、袖口处等，使模特在台上行走时带动香味的飘散，令人心旷神怡。

后 记

21世纪初北京市提出了建设"世界服装名城"的战略目标，2004年正式确立将北京建成世界"时装之都"的目标。北京要建成世界"时装之都"，最重要的是要发展服装信息产业，继而成为时尚信息的发源地和中心，而服装服饰等时尚产品的展示正是起着传播时尚和服饰文化信息的作用。中国时装表演的历史与实践表明，只有那些既受过服装表演专业训练，又受过一定服装专业教育的复合型人才方能满足如此庞大且要求越来越高的演出市场的需要。

但是，在服装表演行业不断发展、完善的过程中，我们同时也能发现由于国内服装表演专业教育领域对于理论的研究与实践的探讨还存在不尽完善之处，有关服装表演专业论著，尤其是既能够作为高等院校服装表演专业教学的教材，同时又能供专业教师和学生参考的书籍仍然较少。更为遗憾的是，直到今天，国内能够较为完整地代表国内服装表演领域研究与实践成果的系列丛书尚为空缺，更没有将国内院校、业内专家近年来研究出的最新服装表演理论与实践成果推向市场。因此，作为国内从事服装表演专业教育十余年，并且在国内高等院校及模特行业拥有较好专业形象，也是中国服装设计师协会职业服装模特委员会主任委员单位的北京服装学院衷心希望能够联手中国服装设计师协会职业模特委员会、中国最具代表性的权威模特经纪机构共同完成该系列教材的出版，共同推进我国服装表演专业教育、培训、管理的规范化和专业化进程，并通过该系列教材的出版抛砖引玉，起到并发挥引领、规范中国服装表演出版物的导向性作用。

作为该系列丛书中的两部教材《服装表演概论》、《形象设计概论》即是在这样的背景之下，经过数年的教学积累、梳理组织、编撰书写而成。

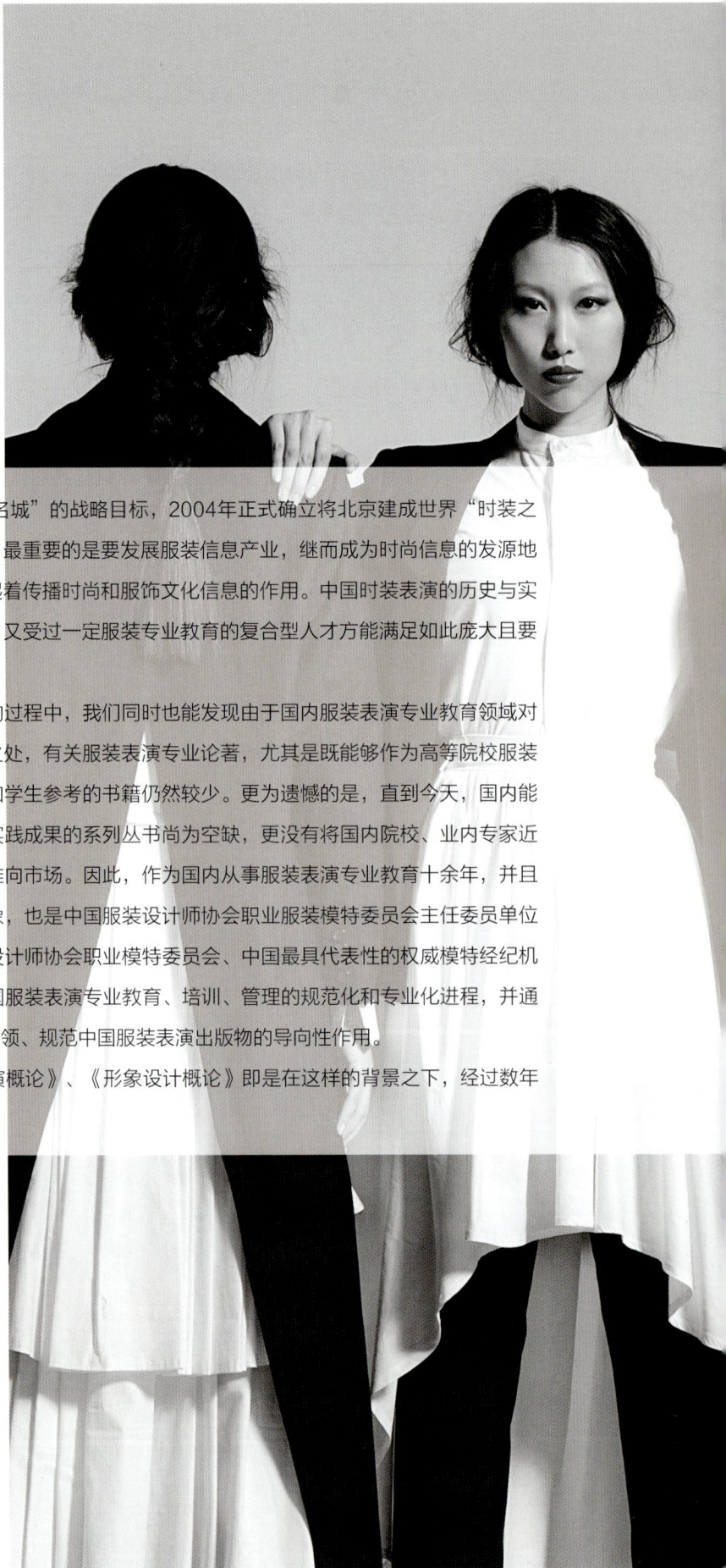

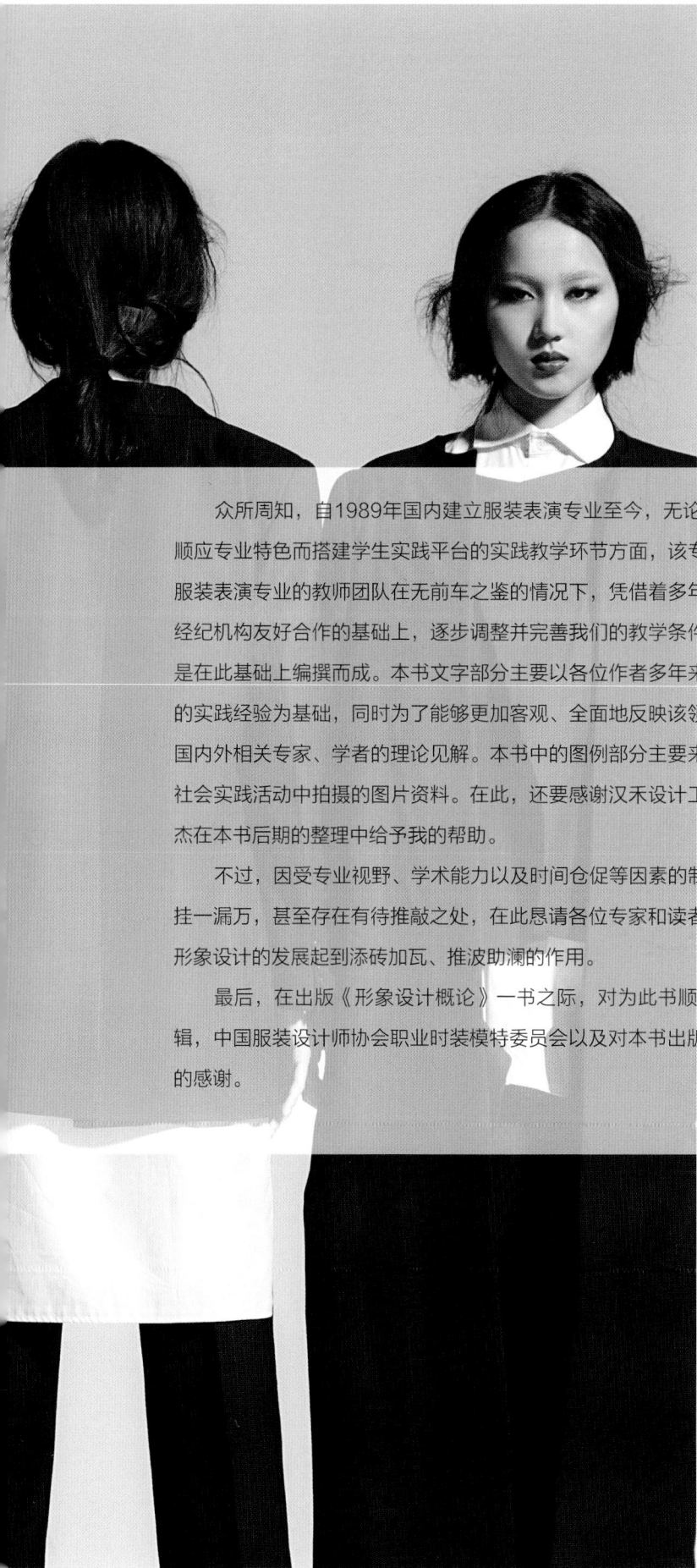

众所周知，自1989年国内建立服装表演专业至今，无论在培养目标和课程设置等理论教学方面，还是在顺应专业特色而搭建学生实践平台的实践教学环节方面，该专业仍然处于初级摸索阶段。因此，北京服装学院服装表演专业的教师团队在无前车之鉴的情况下，凭借着多年教学经验的积累和探究，以及在与国内多家模特经纪机构友好合作的基础上，逐步调整并完善我们的教学条件、教学框架、教学内容、师资配备等，本教材也是在此基础上编撰而成。本书文字部分主要以各位作者多年来对服装表演的研究成果、课程教案以及业内专家的实践经验为基础，同时为了能够更加客观、全面地反映该领域的研究现状，本书也有选择地吸纳了一些其他国内外相关专家、学者的理论见解。本书中的图例部分主要来自于近几年北京服装学院服装表演专业师生们在社会实践活动中拍摄的图片资料。在此，还要感谢汉禾设计工作室为本书所做的版式设计，以及我的研究生高杰在本书后期的整理中给予我的帮助。

不过，因受专业视野、学术能力以及时间仓促等因素的制约，本书在阐述一些观念、方法和原理时，难免挂一漏万，甚至存在有待推敲之处，在此恳请各位专家和读者指正。总之，我希望本书的出版能够为推进我国形象设计的发展起到添砖加瓦、推波助澜的作用。

最后，在出版《形象设计概论》一书之际，对为此书顺利出版予以大力支持的中国纺织出版社领导、编辑，中国服装设计师协会职业时装模特委员会以及对本书出版提出许多宝贵建议的同行、师长等一并表示由衷的感谢。

肖彬

2012年12月

北京服装学院

参考文献

[1] 赵平. 服装心理学概论[M]. 北京：中国纺织出版社，2011.

[2] 冯泽民，刘海青. 中西服装发展史[M]. 北京：中国纺织出版社，2008.

[3] 龙荫培，徐尔充. 艺术概论[M]. 上海：上海音乐出版社，2002.

[4] 黑格尔. 美学（第1卷）[M]. 朱光潜，译. 北京：商务印书馆，2000.

[5] 郑建启，胡飞. 艺术设计方法学[M]. 北京：清华大学出版社，2009.

[6] 朱琳珺. 服装设计师专业本色色谱——服装时尚配色2400例[M]. 北京：化学工业出版社，2009.

[7] 拉斯·史文德森. 时尚的哲学[M]. 李漫，译. 北京：北京大学出版社，2010.

[8] 王受之. 世界现代设计史[M]. 北京：中国青年出版社，2002.

[9] 多丽丝·普瑟. 我造我型:个人风格与形象管理[M]. 张玲，译. 北京：中国纺织出版社，2010.

[10] 亚历山大·瓜亚尔多·瑞萨. 发型圣经:一本你必读的教科书[M]. 蔡佩桦，译. 长沙：湖南美术出版社，2010.

[11] 徐子涵. 化妆造型设计[M]. 北京：中国纺织出版社，2010.

[12] 沈宏. 衣仪天下[M]. 北京：中信出版社，2010.

[13] 徐累. 面孔如花[M]. 北京：中国人民大学出版社，2009.